「おいしさ」の科学

素材の秘密・味わいを生み出す技術

佐藤成美　著

ブルーバックス

カバー装幀　芦澤泰偉・児崎雅淑
カバー写真　「ウェルトゥムヌスに扮するルドルフ2世」
（ジュゼッペ・アルチンボルド・作）
／PPS通信社
本文デザイン　齋藤ひさの（STUDIO　BEAT）
本文図版　さくら工芸社

はじめに

「おいしい」とは不思議な感覚です。毎日食事をするたびにおいしいと感じているのに、その実態についてはよくわかっていません。おそらく、人によって、またその時々の状況によって感じ方が違い、おいしさの構成要素がとても複雑だからでしょう。

しかし、研究者は「おいしさ」を解明しようと、食品メーカーや料理人はおいしさを生み出そうと、探求し続けています。私はというと、大学で食材中の複雑な成分やその成分の変化が食品の味や香りなどの風味を作り出すことを学び、そのおもしろさに魅力を感じ、研究しています。

この本を書くきっかけになったのは、2015年10月に開かれた日本化学会主催の化学フェスタ公開講座「化学と食」で、私がオーガナイザーをつとめたことでした。その講座では、大学の研究者や企業の開発担当者など8人の方に、それぞれの専門から「おいしい」を語ってもらいました。肉や魚のおいしさや、おいしさを計る方法など、どの講演も大変興味深いものでした。それまで知らなかった「おいしい」のさまざまなしくみや、最先端の研究やテクノロジーを、ぜひ広く知って、より「おいしい」を楽しんでいただけたらと思い、筆を執ることにしました。

講演の話題だけではなく、おいしさに関する科学をもっと深めてはどうかという編集部の勧めもあり、さらに食品会社や研究者仲間への取材を行い、内容を広げて構成しました。

本書では、食品の中でおいしさはどうやって生まれるのか、おいしさを生み出すためにどんな技術が開発されているのか、おいしさを科学ではどう説明するのかという3つの視点で紹介しています。第1章では、私たちはなぜ「おいしい」と感じるのかについて五感と関連付けて述べました。

第2~4章では、食品の成分や構造がおいしさにどう関わるかを述べました。だしや肉、魚、調味料など、食材のおいしさの秘密に迫り「こんがり」や、「トロ~リ」がどんな化学変化でできるのか、水分とおいしさの関係などについてふれています。

第5~6章では、調理や加工でおいしさがどう作られるのかを述べています。日々たくさんの新製品が開発され、食品関連の技術は著しく発展しています。その技術には目をみはるばかりです。また、私たちが普段調理しているときの操作が、おいしさにどのように関わっているかにもふれました。

第7章では、食べている私たちはどのようにおいしさを感じているのかを解説しています。この機構を解明するのはとても難しく、身近な感覚のわりに不明な点が多いところです。近年分子生物学の進歩で、味覚や嗜好などの分子メカニズムの解明が急速に進んでいます。その最先端にもふれました。

毎日食べている食品ですが、奥深く、そこにはいろいろな科学や技術があります。そのことが伝わり、友人や家族との食事の中の会話の話題のひとつにでもなればうれしいです。

以下、この本のきっかけとなった講演のプログラムと演者の方々を、感謝とともにご紹介いたします（敬称略、所属は当時のもの）。

●出汁のおいしさの科学　伏木　亨（龍谷大学農学部・教授）

●かつおだしのおいしさに寄与する香気成分の研究　網塚貴彦（長谷川香料株式会社　総合研究所・主任研究員）

●食肉のおいしさ—味と香りと食感のワンダーランド　松石昌典（日本獣医生命科学大学応用生命科学部・教授）

●おいしさとレオロジー　小川廣男（東京海洋大学・特任教授、名誉教授）

●おいしさを感じさせる香りづくり　中原一晃（高田香料株式会社　技術開発部・次長）

●世界初、不凍タンパク質・多糖による冷凍食品の更なる美味しさの開発　荒井直樹、寳川厚司（株式会社カネカ食品事業部）

●味覚センサで味を科学し、地方と首都圏を、日本と世界を結ぶ　池崎秀和（株式会社インテリジェントセンサーテクノロジー・代表取締役社長）

もくじ　「おいしさ」の科学

OISII

第7章 おいしさを感じる脳と味細胞のしくみ

第1章

おいしさとはなにか

味（甘味、塩味、酸味、苦味、うま味）	味覚
香り	嗅覚
テクスチャー、温度	触覚
外観（色、形、つや、大きさ）	視覚
音	聴覚

図1-1　**味は五感で感じる**

「食べてよい」すなわち「おいしい」

私たちは、友人と食事をしながら「おいしいね」と会話をします。テレビではグルメレポーターが流行《はや》りの店で「おいしい」を連発しています。「おいしい」とは普段でもよく使う言葉です。ところで、この「おいしい」という感覚は、生体にとってどんな意味があるのでしょうか。

おいしいと感じるともっと食べたくなります。たとえば、ダイエット中なのについ一口食べたらおいしくて止まらなくなり、後悔したという人もいることでしょう。

実はおいしさは舌や口の中ではなく、脳で感じています。食べ物を食べるとき、まず食べ物のにおいを感じ、食べ物の色や形を認識し、口の中に入れます。口の中では味はもちろんのこと、かたい、やわらかいなどの食感を感じ、耳では「ポリポリ」といった食べ物の音を聞いています。

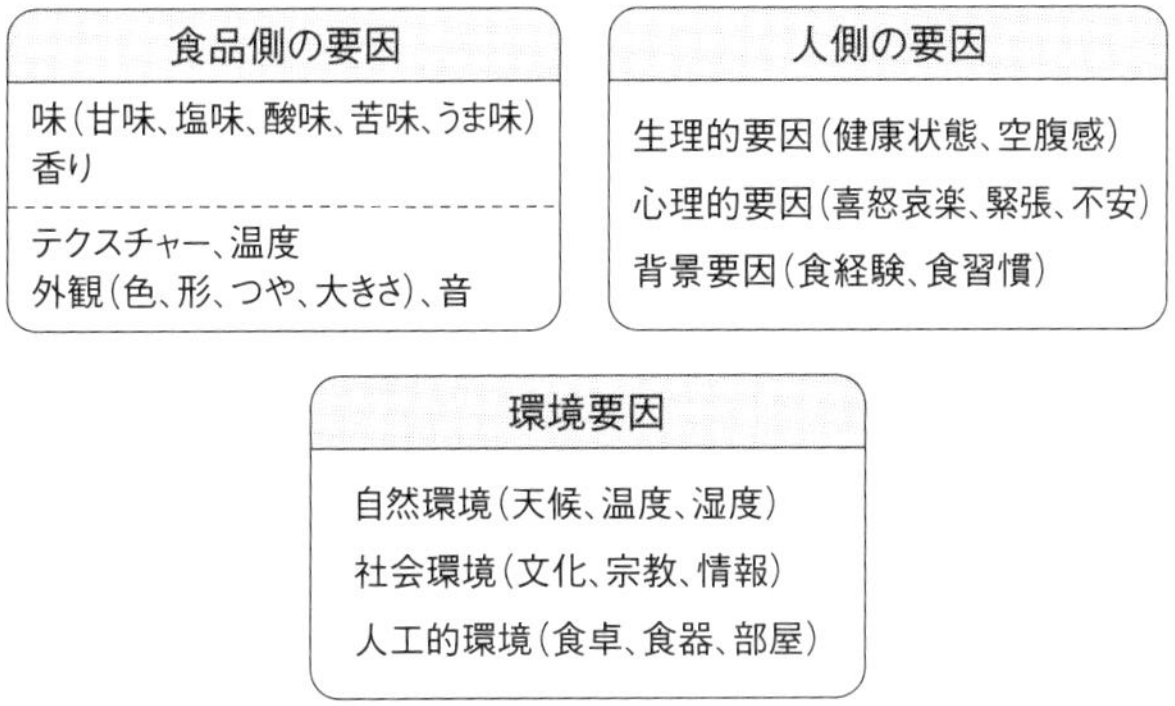

食品側の要因
味(甘味、塩味、酸味、苦味、うま味) 香り
テクスチャー、温度 外観(色、形、つや、大きさ)、音

人側の要因
生理的要因(健康状態、空腹感)
心理的要因(喜怒哀楽、緊張、不安)
背景要因(食経験、食習慣)

環境要因
自然環境(天候、温度、湿度)
社会環境(文化、宗教、情報)
人工的環境(食卓、食器、部屋)

図1-2　おいしさの構成要素

　このように、私たちは、嗅覚、視覚、味覚、触覚、聴覚の五感を使って食べ物のあらゆる情報を受け取っています（図１－１）。脳は五感を使って食べ物の情報を受け取ると、それを食べてよいか悪いか判断します。食べてよいと判断すれば、おいしいと感じるしくみになっており、必要な栄養素を摂取するのです。

　おいしさを感じさせる要因には、味やにおいばかりでなく、食べ物の色や形、食べたときの食感や音などさまざまなものが含まれます。さらに、食べ物のもたらす直接的な要因だけでなく、食べる人の体調や食べるときの環境、食文化などの間接的な要因にもおいしさは左右されています。「おいしい」とはよく使う言葉なのですが、実際はこの感覚はかなり複雑です（図１－２）。

　おいしさは本能的に感じるものと経験的に感じるものに大別することができます。疲れたときに甘いものをおいしく感じ、汗をかいたときに塩分を含むものがおいしく感じるのが本能的なおいしさです。一方、子供のときには苦手だった食べ物が大人になったらおいしく感じる、また、好物はいつどこで食べてもおいしく感じるなど、食経験を重ねることでもたらされるのが経験的なおいしさです。経験的なおいしさは、人それぞれで基準が異なりますが、本能的なおいしさは生まれながらに感じる共通のものです。

味はシグナル

私たちはふつう甘いものをおいしく感じ、苦いものはおいしく感じません。甘い、苦いといった味覚は、食べ物に含まれている化学物質の刺激が脳に伝えられて、識別されるものです。

味覚は「甘味」「塩味」「うま味」「酸味」「苦味」で構成されています（図1－3）。このうち、甘味、塩味、うま味は、食経験のない赤ちゃんでもおいしく感じます。甘味はエネルギー源の糖、塩味は生体調節などに必要なミネラル、うま味はタンパク質のもとになるアミノ酸や核酸、それぞれに由来します。甘味、塩味、うま味は、人体に必要な栄養素の存在を知らせるシグナルになっています。

一方、苦味や酸味ばかりを好む人はいないし、赤ちゃんも苦味や酸味は嫌がります。腐ったものは酸っぱくなり、毒のあるものは苦いものが多いため、酸味は腐敗を、苦味は毒素の存在を知

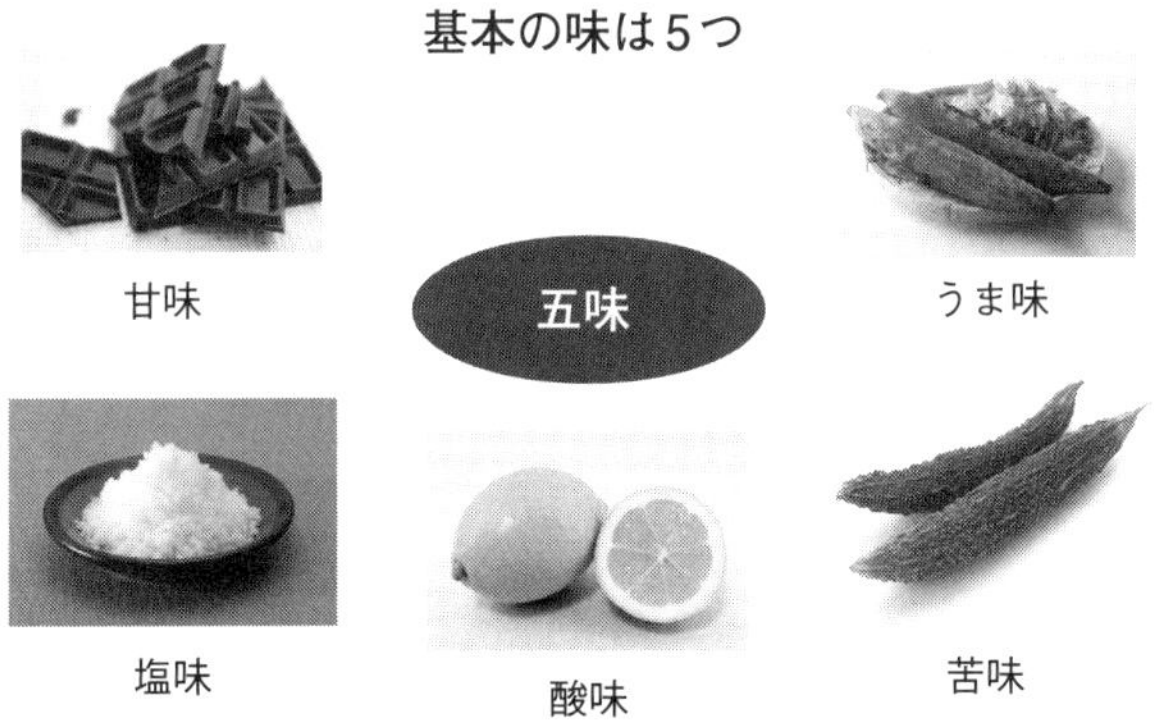

図1-3　**基本の味**

らせる味です。酸味や苦味は危険のシグナルになり、おいしく感じないのです。ただし、食経験を積んで、安全な食べ物だと認識されれば、コーヒーやビール、梅干しなどのように苦味や酸味のある食べ物もおいしく感じます。これが先にあげた経験的なおいしさです。味は食べてもよいのか、悪いのかを判断するためのシグナルになっていて、舌は味を感じる、シグナルを受け取るセンサーになっています。

　味を感じるしくみをもう少し詳しく見てみましょう。味を感じさせる味物質の代表的なものには、甘味なら砂糖やブドウ糖など、塩味なら塩化ナトリウム、酸味ならクエン酸やビタミンC、苦味ならカフェイン、うま味ならグルタミン酸やイノシン酸などがあげられます。舌の表面には、味細胞《みさいぼう》の集まりである味蕾《みらい》が分布しています。味物質は味細胞の細胞膜に吸着されると、味細胞膜の電位が変化し、この刺激が電気信

味	味物質	閾値（%）
甘味	ショ糖	0.086
塩味	食塩	0.0037
うま味	グルタミン酸ナトリウム	0.012
酸味	酒石酸	0.00094
苦味	酢酸キニーネ	0.000049

図1-4　**味の閾値の例**
酸味や苦味は薄い濃度でも感じることができ、敏感なことがわかる。

号となって大脳に伝えられます。味細胞が刺激を受け取れるのは、甘味、塩味、うま味、酸味、苦味の五つなのでこれらの味を「五味」あるいは「基本味」と呼んでいます。辛味や渋味は、舌の味蕾とは別の終末神経を刺激することから、基本味には含まれません。

味の強さを表すのには、閾値《いきち》がよく使われます。これはある物質に対し、味覚刺激を感じる最小の濃度のことです。味物質を溶かした溶液をどんどん薄めていって、これ以上感知できないと判定した濃度を閾値とします。できるだけたくさんの人にこの検査をしてもらい、閾値を決めます（図1－4）。すると、甘味やうま味、塩味に比べ、酸味や苦味の味物質の閾値は低いことがわかります。特に、苦味物質に対する閾値は低く、私たちは危険な毒素に対して敏感なことがわかります。

同じように、においや色なども食べ物を判断するための重要な情報です。人は本能的に人体に必要なものをおいしいと感じ、人体に害のあるものはおいしく感じないようになっています。そこで、前述のように、おいしく感じれば、もっと食べようとするし、そうでなければ、食べるのをやめるということになります。

人類の歴史をさかのぼれば、食べることは命がけの行為でした。せっかく手に入れた獲物でも、毒が含まれているものを食べたら、命を落とすかもしれません。食べ物を見分けるために人類はこの能力を身につけたのでしょう。

おいしさは生命維持のために備わった快感

私たちはどのようにおいしさを感じ、食欲をわかせているのでしょうか。五感によって受け取った、味や香り、色、形などの外観、温度、歯応えなどの食べ物の情報は、大脳皮質のそれぞれの感覚野に伝えられます。大脳皮質とは大脳の表面に広がる薄い神経細胞の層で、知覚や思考などの中枢になっています。感覚野は大脳皮質のうちの感覚に関与している部分です。情報は感覚野に伝えられた後、大脳皮質連合野という部分に集まり、食べ物が安全かどうか、求める栄養素を含むかどうかなどを判断します。

味覚などの五感から得た食べ物の情報と血糖値など生理的な状態の情報は、さらに扁桃体《へんとうたい》へと伝わります。扁桃体とは、大脳の内側にある大脳辺縁系の一部で、いい気持ちになったり、不愉快になったりする、「快・不快」の本能的な感情を生み出しているところです（209ページ参照）。

ここでは過去の情報と照合し、記憶や体験をもとに食べ慣れていて安心して食べられるなどの判断材料から、好ましいかどうかを判断します。扁桃体の情報は、さらに視床下部《ししょうかぶ》へと伝わります。視床下部は、扁桃体の近くにある食欲をコントロールする部分で、食べるように勧める摂食中枢と、食べるのをストップさせる満腹中枢に分かれています。好ましい食べ物の場合は摂食中枢を刺激します。すると食欲が増し、おいしく味わって食べることができます。一方、好ましくない場合は、食べることをやめさせます。

このように脳に集まったさまざまな情報が次々に伝達されることで、私たちはおいしさを感じ、食行動を決めています。生命を維持するための本能的な食行動が視床下部で制御されていることはよく知られていますが、「甘いものは別腹」とか「おいしいものは食べすぎる」など味覚によって引き起こされる食行動のメカニズムは不明でした。

しかし、近年の研究で、徐々に明らかになってきました。脳は、甘いとかおいしいと感じると、胃腸の働きには関係なく、脳自身が空腹感を生み出しているようなのです。たとえば、甘いと感じると、あるいはそのおいしさを想像するだけでも、βエンドルフィンやドーパミンという脳内物質が分泌されます。βエンドルフィンは幸福感をもたらす脳内麻薬の一種で、ドーパミンは意欲をわかせる物質として知られます。これらが分泌されると、オレキシンという摂食を刺激するホルモンが分泌され、食欲がわくといいます。これが「甘いものは別腹」となるしくみです。また、ラットの脳を使った実験では、脳の味覚や内臓機能を制御している領域に食欲を増す脳内物質（アナンダマイド）を与えると、味覚を認識する領域興奮が胃腸の感覚を受け取る領域に伝わり、食欲が増すときのような神経活動が観察されたといいます。

ここまで述べたようにおいしさとは、食べ物を食べたときの「快感」です。快感は大脳皮質で理知的に判断されるのではなく、扁桃体で本能的に感じるものなのです。扁桃体で感じる「快・不快」の感情（情動という）は、動物の行動を理解するために使われており、動物は「快」をもたらす刺激には接近し、「不快」をもたらす刺激は遠ざけます。そこで、食べることに「快」をもたらすことで、食欲という生命維持に欠かせない欲望を生み出しているのです。「食べたい」と思うのはどの動物でも共通なので、人類以外の動物にもおいしいという感覚はあるのでしょう。

私たちは食べ続けなければ生きていけません。それなのに食べることが苦痛だったら、あっという間に、人類は滅びてしまいます。そこで、生体は食べることに心地よさや喜びを感じさせるようになっています。おいしいという快感が、「もっと食べたい」という感覚を生じさせることで、私たちは生命を維持できるのです。

ただ、おいしさのメカニズムは複雑で不明な点が多く、おいしさを客観的に評価することも難しいのが現状です。私たちの食生活は豊かになり、人々の求めるおいしさはいっそう多様化していることから、おいしさの研究はますます重要になっています。次章からは、そんな研究の一端を紹介するとともに、食べ物のおいしさの秘密を探ります。

第2章

おいしさを生む化学変化

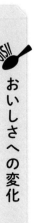

おいしさへの変化

私たちは実にたくさんの食品を食べています。科学技術の進歩とともに多くの加工食品が生まれ、物流の発達により海外から新しい食材がどんどん輸入されていることから、日本で扱われている食品の種類は年々増え続けています。食品成分表（正式には日本食品標準成分表）を見ると、私たちがどれくらい多様な食品を食べているのかを知ることができます。これは、日常摂取する食品の成分に関する基礎データを幅広く提供することを目的として、文部科学省から公表されているものです。１９５０年（昭和25年）の初版では、掲載されている食品数は５３８でしたが、分析技術の進歩や食生活の変化に伴い食品の種類は増え、２０１５年の最新版では２１９１種類にもなります。また、気候や地形が多様な日本では、食生活を構成する食品は1万２０００種もあるともいわれます。いかに私たちがたくさんの種類の食品を食べているかがわかると思います。

さて、食品の種類は多いのですが、その大部分は動物や植物などの生物体です。微量に含まれるものまで数えるとその構成成分は無数になりますが、主要な成分は水、タンパク質、炭水化物、脂質、ビタミン、ミネラルに分類されています。そのうち、タンパク質、炭水化物、脂質を三大栄養素、ビタミンとミネラルが加わると五大栄養素といいます。栄養素とはエネルギーを供給するものや生命の維持に欠かせない物質のことです。

これらの成分は調理や加工で、構造が変化したり、新たな成分が生じたりと複雑に変化しているのです。好ましい変化であれば私たちはおいしいと感じます。

私たちがおいしいといって食べているものは、それらの変化を巧みに利用しています。おいしさにつながる代表的な変化として、ここでは分解、タンパク質の変性、メイラード反応、乳化の４つの変化によるおいしさについて紹介します。

その前に、少し食品の成分について説明しておきましょう。

肉や魚、卵、牛乳など動物性食品に多く含まれるのが「タンパク質」です。漢字で「蛋白質」と書きますが、蛋白とは卵の白身のことです。タンパク質は20種類のアミノ酸がつながってできています。体の構成要素として、またさまざまな生命活動に必要な成分です。

炭水化物は、ごはんやパンに含まれるデンプンや砂糖、果物やはちみつに含まれる果糖などの「糖質」、野菜や海藻に含まれている「食物繊維」に栄養学的には分類されます。最近では、メディアなどのダイエット記事関連で、糖質という言葉を耳にすることが多いですね。糖質とは、消化できエネルギー源になる炭水化物のことです。一方、ヒトが消化酵素を持っていないため、分解できない炭水化物を食物繊維と呼んでいます。分解できないので吸収されにくく、エネルギー源にならないので、食物繊維は栄養素にはなりませんが、腸内の有害物質の排出を助ける効果や整腸作用などがあり、重要な成分として注目されています。そのため食物繊維を加えて、六大栄養素ということもあります。寒天やこんにゃくなどがダイエット食品としてもてはやされたのも、食物繊維が豊富だからです。

脂質は大豆油やサラダ油、バターやラード、肉の脂身などに含まれている成分です。脂質とは水に溶けず、有機溶媒によく溶ける成分の総称で、さまざまな種類がありますが、私たちが食べているのはほとんどが中性脂肪（トリアシルグリセロール）です。体を動かすためのエネルギー源となるほか、ホルモンや細胞膜などを作るのにも欠かせない成分です。また、食べ物に脂質が含まれると口当たりがよくなったり、食べやすくなったりします。

分解されるとうまくなる

食品の成分は体内では消化により分解され、低分子になることはよくご存じだと思いますが、調理や加工によっても、あるいは保存中にも食品成分は分解されています。その要因は熱、食品の持っている酵素、あるいは微生物の酵素作用などがあります。分解してできた成分は香りや味などの風味を変化させます。発酵食品は、微生物の作用で分解されて風味が向上したものです。

一方、腐敗や劣化など好ましくない変化も起こります。

タンパク質はアミノ酸が多数結合したもので、タンパク質を構成するアミノ酸は20種類あります。また、アミノ酸が少数結合したものをペプチドといいます。タンパク質では、味はほとんど感じられませんが、アミノ酸やペプチドに分解されるとうま味を感じます。肉を煮込むとうま味やコクが増すのは、煮込んでいる間にタンパク質が分解されてうま味成分として溶け出すからです。

タンパク質の変性と凝固

卵をゆでると固まるのは、卵に含まれるタンパク質が「変性」したことによります。変性とはタンパク質の構造と関係しています。先にタンパク質はアミノ酸がつながったものと述べましたが、実はタンパク質の構造はとても複雑です。アミノ酸がつながったタンパク質はひも状になり特定の形に折りたたまれ、つながりあうことで立体構造になります。そして特定の形状になることでタンパク質は機能を発揮します。この立体構造は、熱や酸、アルカリあるいは物理的な刺激など、さまざまな要因によって壊れてしまいます。折りたたまれたひもがほどけ、立体構造が変化することを変性といいます。変性すると、タンパク質は機能しなくなり、物性も変化します。生体内では多くの場合、変性したタンパク質を利用できなくなりますが、食品ではタンパク質が

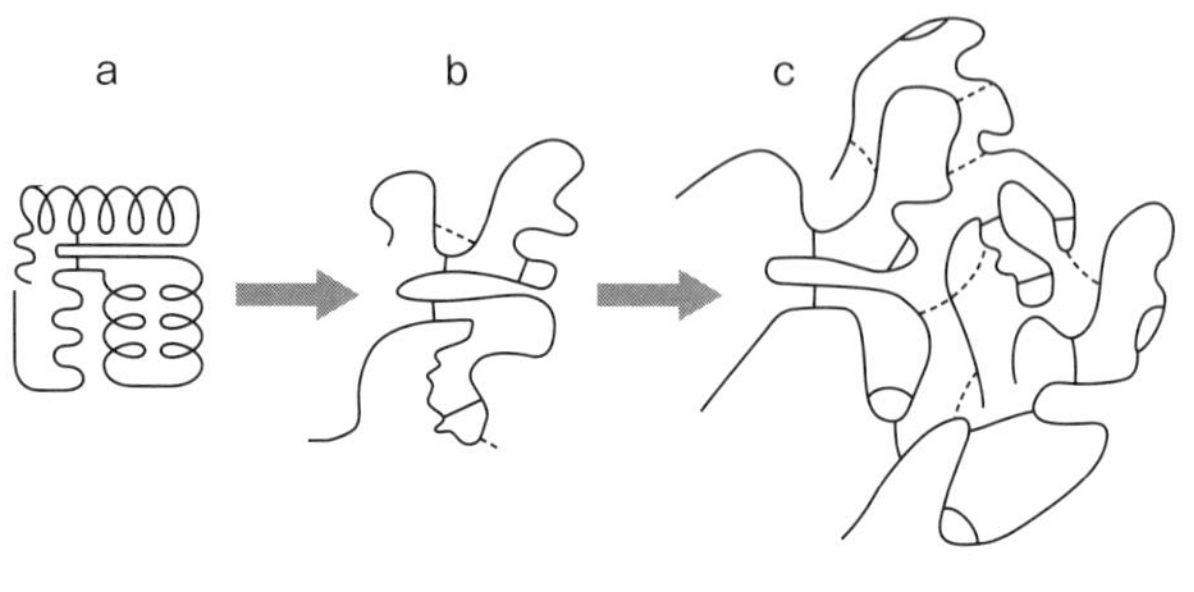

図2-1　タンパク質の熱変性

規則正しくたたまれた構造（a）は、ゆるんで水に溶けなくなり（b）、さらにくっつき合って凝固する（c）。

変性したおかげで食べやすくなり、消化もよくなります。また、風味も向上するので、ほとんどの調理ではタンパク質を変性させています（図２－１）。

調理による変性の代表的なものは、煮たり焼いたりという加熱調理による熱変性です。卵をゆでたり肉を焼いたりすると白く固まるのは熱変性によるもので、「熱凝固」といいます。加熱するとたたまれたタンパク質のひもはほどけ、構造がゆるみます。タンパク質は大きな分子で、その中には水になじみやすい部分と水になじみにくい部分があります。通常は水になじみやすい部分が外側にあり、なじみにくい部分を内側にして、水に溶けています。しかし、タンパク質の構造がゆるむと、分子の内側にあった水になじみにくい部分が表面に露出し、水に溶けなくなります。さらにこの部分を介して分子がくっつき合ったり、新たな結合ができたりすることでタンパク質は凝固します。

タンパク質は熱以外の要因でも凝固します。しめさばのように魚を酢でしめると身が白く固まるのや、牛乳のアルカリ性のタンパク質が固まってヨーグルトになるのは「酸による変性」です。中華料理で使われるピータンはあひるの卵を灰や泥の中に漬けたもので、卵白は褐色のゲル状に、卵黄は緑色に固まっています。これは「アルカリによる変性」です。

また、調理の過程では、さまざまな要因により、凝固とは違う、タンパク質の変性が起こります。たとえば小麦粉をこねて粘りが出たり、卵白を攪拌《かくはん》すると泡立ったりするのは「物理的刺激による変性」です。

こんがりはメイラード反応

「きつね色」というと何が思い浮かぶでしょうか。動物のキツネよりは、トーストやどら焼きなどの食品の焼けた褐色を思い浮かべる人のほうが多いはず。こんがりとした焼き色や香りは想像するだけでもおいしそうです。食品の変化のうち、褐色になる反応を「褐変」と呼びます。

みそやしょうゆの色、パンやカステラの焼けた色、トーストのこんがりしたきつね色、また、焼けたときの香ばしい香りはメイラード反応（アミノカルボニル反応）によるもので、焦げとは違います。日常の食生活でも頻繁に起こっており、食品の色調の変化や香気成分の生成に関わっています。

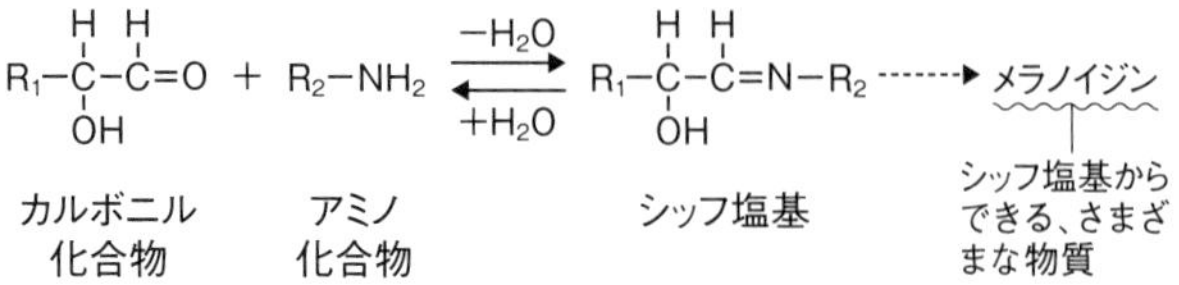

図2-2　アミノカルボニル（メイラード）反応
糖に含まれるカルボニル基とタンパク質やアミノ酸に含まれるアミノ基が反応する。

この反応は、食品に含まれるタンパク質やアミノ酸と糖が反応して、メラノイジンという褐色物質ができる反応です（図2－2）。発見者の名前からこの名前がつきました。アミノ基とカルボニル基が反応するのでアミノカルボニル反応ともいいます。例えば、トーストの場合、パンには原料の小麦粉に含まれるタンパク質や糖質、あるいは加えた砂糖が含まれています。それらが焼くことで反応して焼き色や香ばしさになるのです。反応の過程で、次々にさまざまな物質ができます。その生成物の風味の向上に関わることもあれば、食品の保存中に変色したり、焼け焦げなどができたりするなど品質の低下に関わることもあり、食品化学や食品産業にとって重要な反応です。ただ、この反応は非常に複雑で、不明な部分もたくさん残されています。

食品が茶色くなる反応には「カラメル化反応」もあります。プリンについている褐色のカラメルソースは、糖類を１００℃以上に加熱すると起こるカラメル化反応により、作られます。実際には、食品の成分は複雑で、メイラード反応も同時に起こっています。

褐変には皮をむいたリンゴが茶色になってしまうような、酵素が関

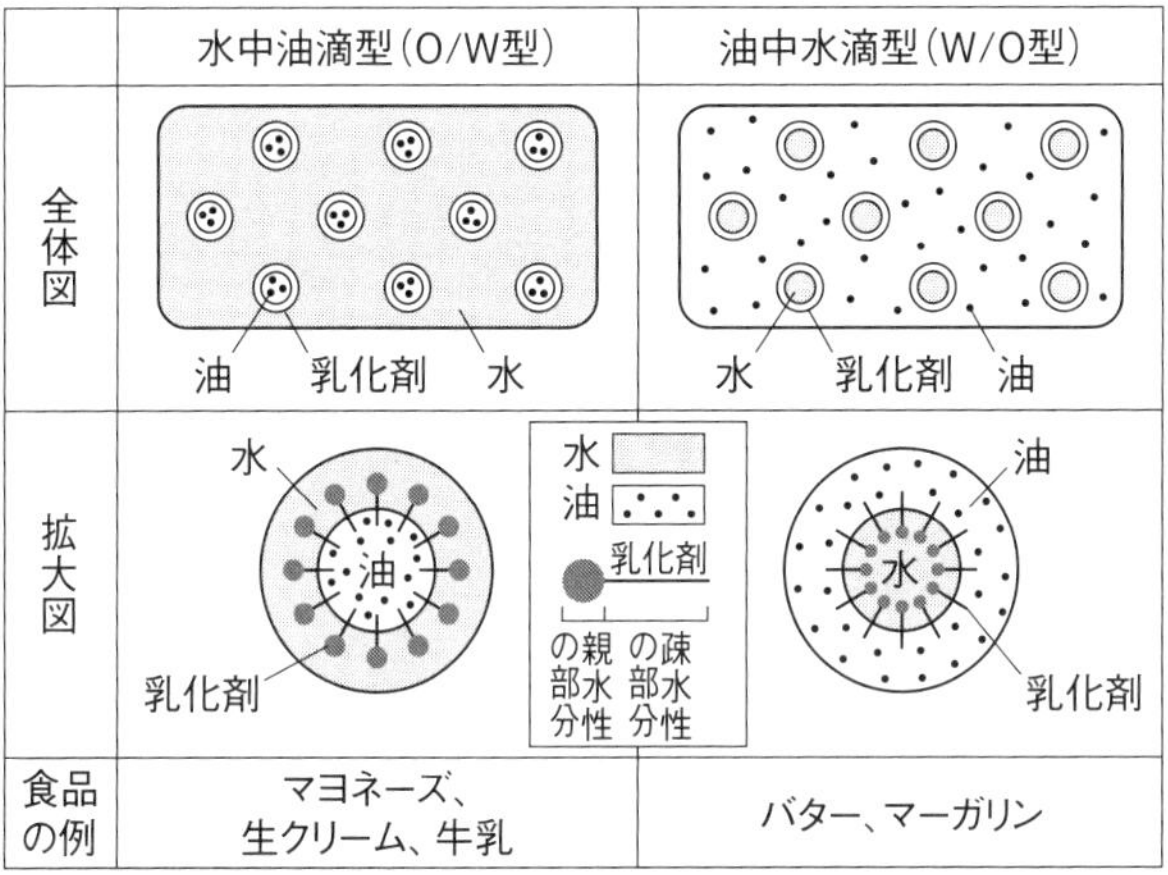

図2-3　**乳化2タイプの状態**

与して起こるものもあります。これは野菜や果物に含まれている酵素が食品中の成分に作用し、着色物質ができることによって起こります(115ページ参照)。

乳化でとろりとした口ざわりに

油は水と混ざらないのですが、激しく混ぜると油は細かい粒となって水に分散します。このように水と油など本来は混ざり合わない液体の一方を微粒子にしてもう一方の液体に分散させることを乳化といい、その状態をエマルジョン(乳濁液)といいます。

水と油の乳化では、水に油を分散させる水中油滴型(O/W型)と油に水を分散させる油中水滴型(W/O型)があります(図2-3)。O/W型の食品には牛乳やマヨネーズなどがあります。牛乳は白い液体に見えますが、実際にはカゼインなどの乳タンパク質や脂肪が球になって水の中に分散しています。バターやマーガリンはW／O型のエマルジョンです。バターは牛乳の脂肪分（乳脂肪）から作られており、油の中に水が分散しています。

野菜サラダにかけるドレッシングは、植物油と酢を激しく混ぜて乳化させたものですが、時間がたつと2層に分離します。一方、植物油と酢を乳化させて作ったマヨネーズは時間がたっても分離しません。それは、植物油と酢のほかに卵黄が加わっているからです。この卵黄が、分離を防ぎ、トロリとした乳化状態を保つ役目をしています。

このように乳化を安定させる作用のあるものを乳化剤といいます。乳化剤は、水にも油にもなじみやすい性質（両親媒性）があるため、水層と油層の境目に作用して、小滴を分散したままとどめておくので、乳化状態を維持できます。マヨネーズでは卵黄に含まれているレシチンという脂質が天然の乳化剤として作用しています。レシチンは分散している油滴のまわりを囲み、油滴が大きくなるのを防いでいます。そのほか、バターやマーガリン、アイスクリームなど多くの乳製品でも、レシチンのような食品中の成分や食品添加物が乳化剤として作用し、乳化されています。

食べ物の状態を決める、水の役割

生きていくためには欠かせない水。人は1日に約2リットルの水を摂取しますが、その多くを食事から取っています。また、水分は食品においても、歯ざわりや味、保存性に関わる大切な成分です。食品中にはたくさんの水分が含まれています。水分の多いのは野菜や果物などの植物やキノコ類で、80～90％以上、魚介類も水分が多く、70～80％含みます。調理するときにもたくさんの水を使うため、食品中の成分や物性の変化、味などに大きく関わっています。

水分量とおいしさ

水とおいしさの関係についてふれる前に、基本的な水の構造と性質について説明しましょう。水は酸素原子1個と水素原子2個からなる単純な化合物ですが、融点や沸点が高い、比熱が大きいなどさまざまな特性を持っています。その特性を生み出す要因に、水分子がお互いに引き付け合う力（分子間力）が強いことがあげられます。

また、水分子以外のものにも引き付けられ、それらを取り囲みます（図２－４）。たとえば、食塩（塩化ナトリウム）水の中では、ナトリウムイオンや塩化物イオンに引き付けられ、イオン

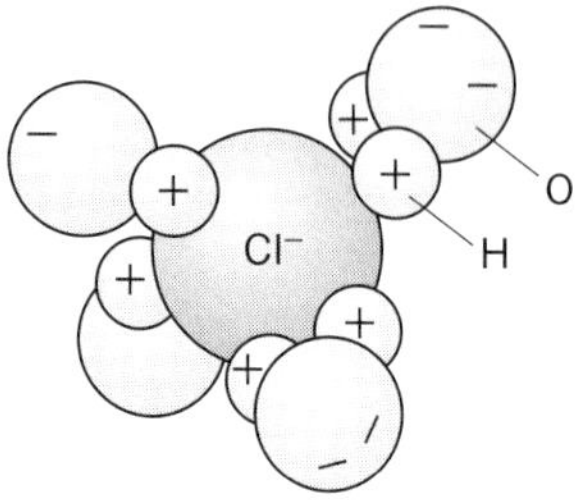

図2-4　**塩化物イオンの水和**

のまわりを取り囲んでいます。これを「水和」といい、水にいろいろな物質が溶けるのはこの性質のためです。食品中では、水分子は、食塩ばかりでなく、ショ糖（砂糖の主成分）やタンパク質、アミノ酸などさまざまな食品成分にも引き付けられます。たとえば、コンソメスープは、調味した塩、肉や野菜から溶け出したアミノ酸などのうま味成分が水和している状態といえます。スープの味成分は水とともに舌の上に広がり、味を感じることができます。食品の味を感じることができるのも水のおかげなのです。

また、水は溶媒として反応物質を均一に溶かし化学反応の場を提供しています。食品中には多くの成分が存在し、貯蔵中あるいは調理や加工をしている間にたくさんの化学反応が起こっています。

食品の歯ざわりにも水分の量は大きく影響します。水分の多い食品はやわらかく、少ない食品はかたいといえます。当たり前と思うかもしれませんが、しけたせんべいはパリッとした歯ざわりがなくなり、乾燥してしなびた野菜や果物もおいしく感じないように、おいしさには重要な要素です。シャキシャキ食感もトロトロ食感も水分がなければ作れません。舌ざわりのなめらかなゼリーや豆腐は、食品の組織構造の中に水を閉じ込めてできたものです。

水分活性と保存性

水分が保存性に関わることも、食品にとっては重要な要素です。米や干しシイタケのように乾燥した食品は簡単に腐ることはなく、保存性があります。一方、魚や牛乳など水分の多い食品はすぐに腐ります。これは、腐敗の原因である細菌やカビが生育するときに水分が必要だからです。ところが、ジャムや干し柿などは水分が多く、やわらかいのに、長持ちします。それはなぜでしょうか。

実は食品の保存性には水分の量ではなく、水分の状態のほうが大きく影響しています。先に述べたように水分子は、食品中の成分に引き付けられています。食品の成分に引き付けられた水のことを結合水といいます。一方、食品成分と結合せず、自由に動き回ることのできる水を自由水といいます。食品成分のすぐまわりの水分子は強く引き付けられています。食品成分から離れるにつれて、引き付けられる力は弱くなります。イメージとしては、食品成分のまわりを水分子が何層にも囲み、さらにそのまわりを自由水が飛び回っている状態です（図2－5）。結

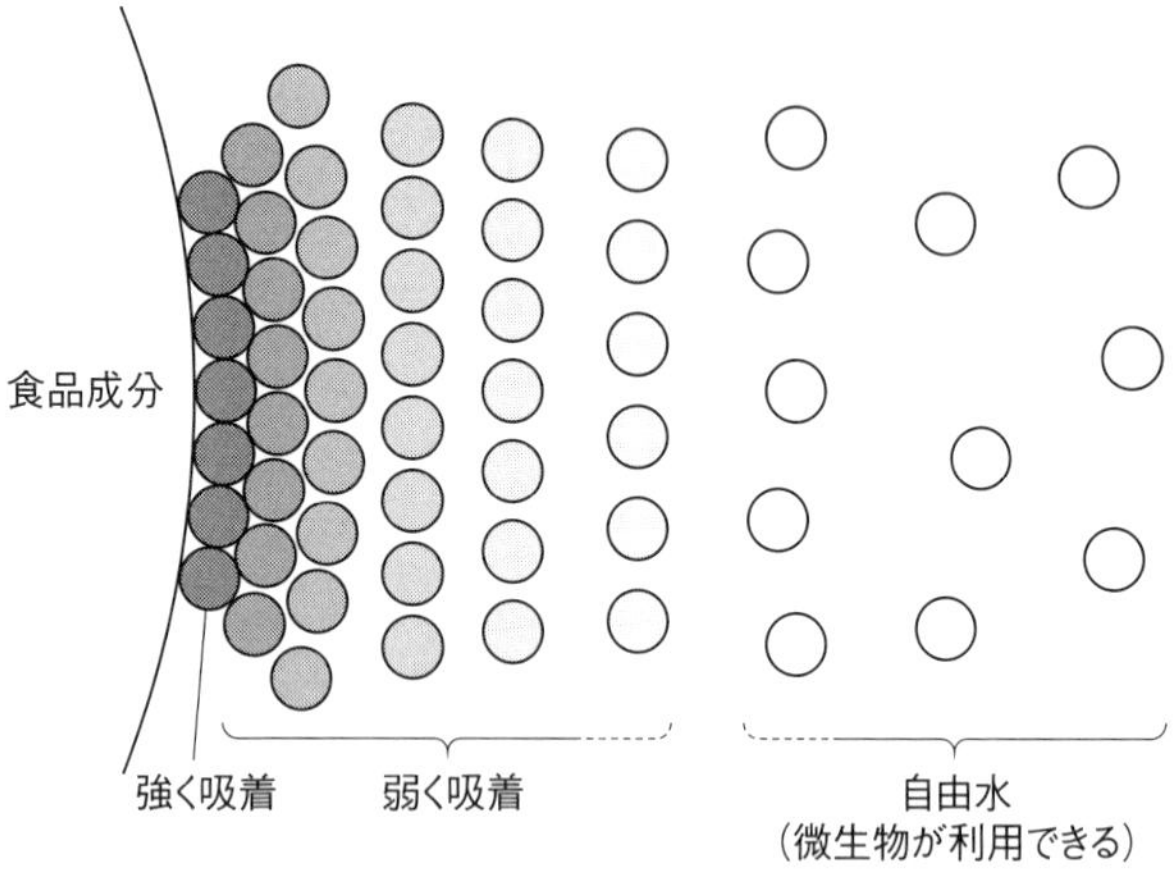

図2-5　**結合水と自由水**

合水は引き付けられているので動けないため、凍ることができません。そこで結合水を不凍水ということもあります。シャーベットなどじゃりじゃりした食感は不凍水によって生まれます。なお結合水と自由水の境界は明確ではありません。

結合水も自由水も同じ水なのにもかかわらず、細菌やカビは結合水を利用することができません。そのため、結合水が多ければ、細菌やカビは増殖できなくなります。また、食品中の酵素の作用も抑えられ、酵素による劣化反応が起こりにくくなります。つまり、結合水の割合が増えると食品は腐りにくくなり、保存性が増すといえます。

そこで、食品では水の状態を表す「水分活性」を保存性の指標に用いています。

水分活性が低いとは、食品中の結合水の割合が高く、自由水の割合が低いことを意味し、水分活性の低い食品は保存性がよい食品ということになります。長く保存できる乾燥食品は、水分が少ないうえに、水分活性が低く水分のほとんどが結合水です。腐りにくいのですが、脂質が酸化しやすいことも知られています。

食品を長持ちさせるために塩や砂糖を加えることもあります。かつて、お歳暮の定番だった新巻き鮭は、内臓を抜いた鮭を塩漬けにしたもの。冷蔵庫のない時代、たくさんとれた鮭を長持ちさせるため編み出された方法です。長持ちする理由は、加えた塩や砂糖に水分が引き付けられ、食品中の自由水の割合が減り、結合水の割合が増加するためです。結合水が増加すると水分活性が低下して、微生物が増殖しにくいのです。

ジャムやゼリー、レーズンや干し柿などの乾燥果実、ドライソーセージ、羊羹《ようかん》などは「中間水分食品」と呼ばれています。これは、水分活性による分類で、水分活性が０・６５〜０・８５で水分量が10〜40％程度の食品のことをいいます。一般の細菌では水分活性が０・９０以上、酵母では０・８８以上、カビでは０・８０以上でないと生育しません。中間水分食品は水分が多いわりには、水分活性が低いため、微生物が増殖しにくく腐りにくいのです。

水分活性の原理を理解すると、室温でやわらかいゼリーや羊羹を売ることができる理由がわかると思います。ただ最近では塩分や糖分を控えた食品が増えていて、保存方法が変わってきています。たとえば、最近出回っているイカの塩辛は作り方が伝統的な方法と異なり、かなり塩分が少なくなって、微生物が増殖しやすくなっています。そのため、従来は室温保存できたのに、冷蔵保存をしなければなりません。イカの塩辛による食中毒も起こっているので、注意が必要です。

食品の水分を保つためには食品の温度を調整することや、包装の工夫も大きな効果があります。たとえば、野菜の蒸散を抑えて鮮度を保つためには、低温で保存し、加工したポリエチレンフィルムで包装します。また、せんべいなどの吸湿を防止するためにはシリカゲルなどの乾燥剤を使い、水分をバリアするフィルムで包装します。

水分をうまくコントロールすることはおいしさを高め、おいしさを保つために重要なことなのです。

第3章

おいしさの素を探る

だし

うま味とは

2013年12月に「和食」が国連教育科学文化機関（ユネスコ）の無形文化遺産に登録され、和食の基本である「だし」や「うま味」が注目されています。だしは、「だし汁」の略称とされ、かつお節や昆布などの素材からうま味成分を抽出した液体のことをさします。日本人の「おいしい」の基本は、まさにこの「だし」にあるといってもいいでしょう。そのおいしさは、どこから来るのでしょうか。

世界的和食ブームの中、うま味（umami）は、国際的に通用する言葉になっています。うま味とは、5つある基本味（甘味、塩味、酸味、苦味、うま味）の一つです。1908年に東京帝国大学の池田菊苗博士が昆布のうま味成分がアミノ酸の一種であるグルタミン酸であることを発見し、それがうま味調味料として製品化されて以来、日本はうま味についての研究の先駆的な役

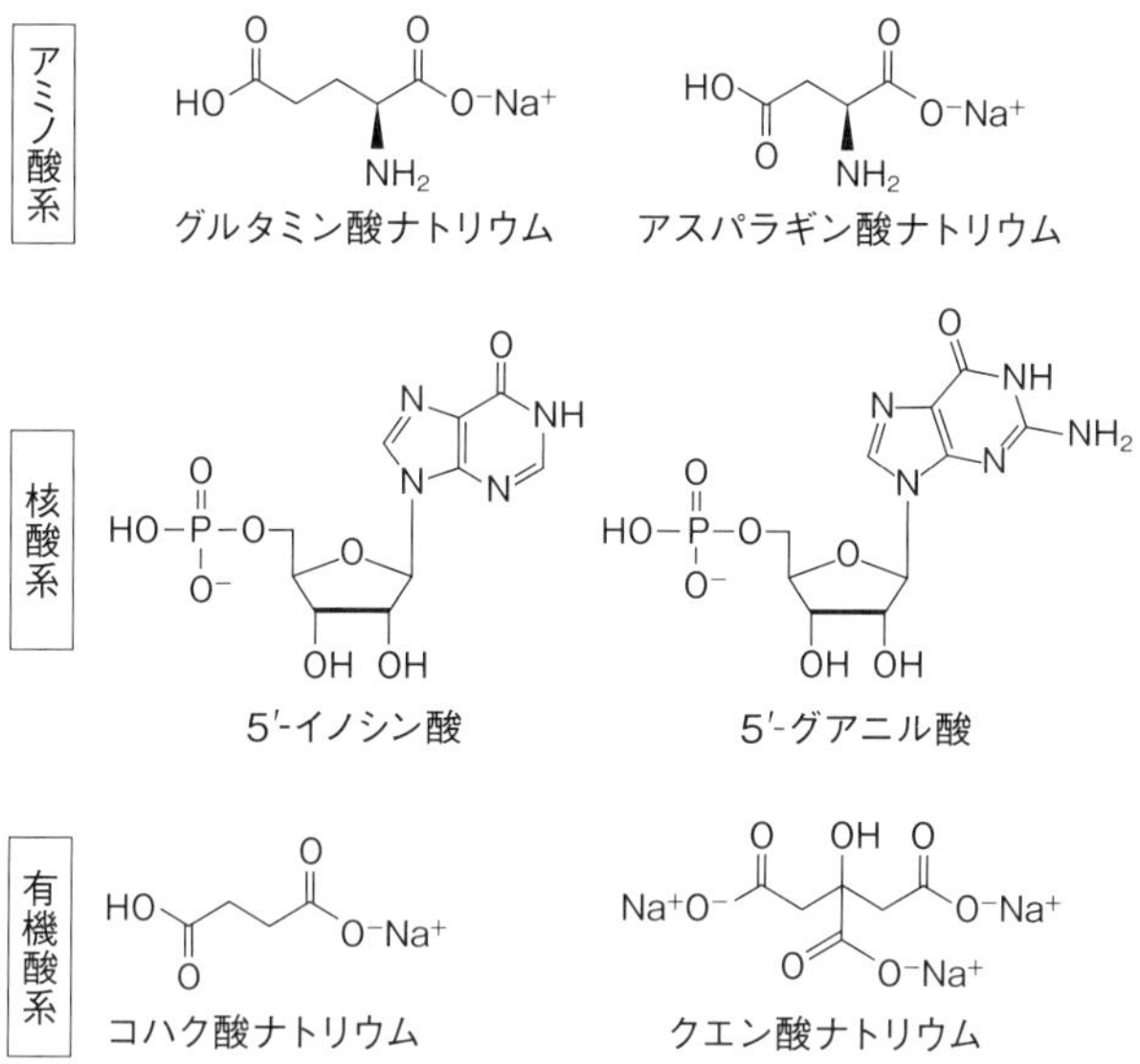

図3-1　**うま味物質**

割を果たしてきました。１９１３年には、かつお節から抽出したイノシン酸が、また１９５７年には、シイタケから抽出したグアニル酸が、新たなうま味成分として発見されました。その後、日本の研究者が中心となって、うま味が従来の４つの基本味とは異なる５番目の基本味であることを立証し、１９９８年に「ニューヨークタイムズ」紙でumamiが５番目の基本味になったことが大きく報じられました。

　うま味成分として知られているものには、右にあげたグルタミン酸やイノシン酸、グアニル酸などがあり、アミノ酸系、核酸系、有機酸系

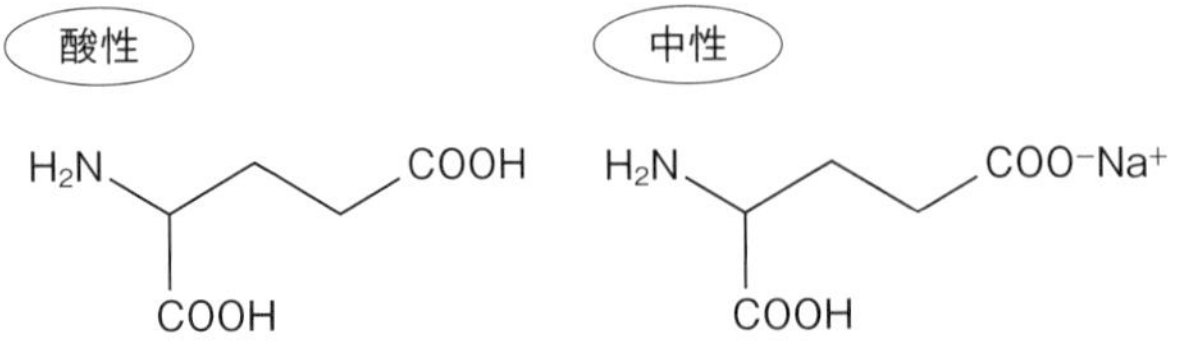

グルタミン酸　　　グルタミン酸ナトリウム

図3-2　うま味が生じる塩（えん）

グルタミン酸には2つのカルボキシル基（-COOH）があり、そのうち1つが食品中で中和され、グルタミン酸塩となり、うま味が生じる。

に分類されています。

タンパク質を構成するアミノ酸の一種であるグルタミン酸はアミノ酸系に分類され、昆布や野菜に多く含まれます。グルタミン酸を含むペプチドにはうま味をもつものが多く、肉や魚のタンパク質が分解されて生じたペプチドやアミノ酸が、スープや発酵食品のうま味に関与していると考えられています。また玉露などのお茶に多く含まれるテアニンもうま味成分として知られていますが、グルタミン酸の誘導体です。昆布などに含まれるアスパラギン酸もアミノ酸系のうま味成分です。

かつお節などの魚類や肉類に多く含まれるイノシン酸や干しシイタケに含まれるグアニル酸は核酸系に分類されます。イノシン酸は、筋肉中のＡＴＰ（アデノシン三リン酸）が分解されて、グアニル酸はＲＮＡ（リボ核酸）が分解されて生成します。

有機酸系のうま味ではコハク酸ナトリウムやクエン酸ナト

リウムがあり、貝類のうま味成分として知られます（図３－１）。

昆布にはグルタミン酸が１００g当たり３g以上も含まれますが、グルタミン酸そのものは酸味と渋味が混ざったような味でおいしくはありません。食品のpHによって味が異なり、中性のpHで中和されたときが強いうま味を示します。グルタミン酸は、グルタミン酸塩《えん》という中性の状態で食品中に存在（図３－２）し、うま味が生じているのです。

昆布と並んで古くからだしとして使われてきたかつお節のうま味成分はイノシン酸、シイタケのうま味成分はグアニル酸です。これらは前述のように核酸系の化合物で、イノシン酸は動物性食品のうま味、グアニル酸はキノコ類のうま味成分として知られています。イノシン酸にはカルボキシル基が、グアニル酸にはリン酸基があり、グルタミン酸と同様、中性の条件では中和されて中性の塩になっています。この塩がうま味を示します。

合わせるとおいしくなる

だしをとるときは、昆布とかつお節からだしをとる合わせだしが一般的です。実は、昆布やかつお節単独だとうま味はあまり強くありません。昆布とかつおぶしを合わせると強いうま味が生じます。

昆布のうま味成分であるグルタミン酸塩とかつお節のうま味成分であるイノシン酸塩またはシイタケのうま味成分であるグアニル酸塩の間には相乗作用があることが知られています。たとえば、グルタミン酸塩の溶液にイノシン酸塩が加わるだけで、うま味は飛躍的に向上します。グルタミン酸塩にイノシン酸塩を加えていった場合、配合率が20〜80％でうま味を示します。しかし、イノシン酸が100％になるとまたうま味が弱くなります。これは、グアニル酸塩を加えていっても同様の結果を示します。そのため、うま味調味料でも、グルタミン酸ナトリウムにイノシン酸ナトリウム、グアニル酸ナトリウムが加えてあります。

その理由は、舌の表面にある味を感知する受容体にあります（216ページ参照）。うま味を感知する受容体には、グルタミン酸塩が結合する部分とイノシン酸塩またはグアニル酸塩が結合する部分の2種類があります。イノシン酸塩またはグアニル酸塩が受容体に結合すると、受容体の結合部分の構造が変化しグルタミン酸塩が結合しやすくなります。さらにこれらの結合部分は互いに近距離であることが明らかになっています。この受容体の結合部分の構造変化が相乗作用を引き起こすのです。

だしの主な成分は、かつお節では、イノシン酸やグルタミン酸、ヒスチジン、昆布だしではグルタミン酸やプロリン、アラニン、干しシイタケではグアニル酸、グルタミン酸、アルギニンなどがあげられます。だしは、グルタミン酸塩などのうま味成分に加え、さまざまなアミノ酸やペプチド、有機酸などが加わり、繊細な風味を生み出しています。だしの素材となる魚の種類や節《ぶし》の製造工程、だし汁のとり方によって、溶け出す成分が変化するため、味や香り、舌ざわりが大きく変化します。

和食の味の基本となる「一番だし」は、きわめて短時間でとり、うま味や香りを瞬間的に引き出したものです。たとえば、昆布の一番だしは、グルタミン酸とアスパラギン酸以外のアミノ酸はほとんど含まれていないことから、一番だしは、うま味成分以外はほとんど含まれていない純粋なうま味溶液といえます。一番だしのとり方にいろいろな方法があるのは、うま味成分以外の雑味が入らないよう、できるだけ純粋なうま味の溶液を作ろうと工夫されたためなのです。料理では、お吸い物やお雑煮に向いています。

一番だしをとった後の昆布やかつお節にはうま味成分がたくさん残っています。そこで、それからさらにだしをとることができ、「二番だし」になります。二番だしはうま味が強くなり、コクがありますが、うま味成分以外の成分も溶けてくるので雑味が強くなります。そのため、煮物やみそ汁に使われます。

うま味は凝縮する

だしをとるのに、生シイタケではなく干しシイタケを使うのはうま味成分のグアニル酸をたくさん含むからです。グアニル酸はリボ核酸が酵素によって分解されてできます。シイタケが生きているときは分解酵素が作用しないようになっていますが、シイタケが干されると細胞が破壊されて酵素が働きグアニル酸ができます。

シイタケなどキノコ類は水分が多く、約90%を水が占めています。それ以外には、甘味を持つマンニット、トレハロースなどの糖類が多く、またグルタミン酸などの遊離アミノ酸やグアニル酸などのうま味成分を多く含んでいます。生シイタケよりも干しシイタケのほうが香りやうま味が強いのは、生シイタケ中にたくさん含まれている水分が減り、うま味成分が凝縮されているからです。さらに、乾燥中に酵素の作用によりレンニチンという香り成分ができます。また、天日乾燥のものにはビタミンD_2が多く含まれています。これは、シイタケに含まれるエルゴステロールが紫外線によって変化したためです。

干しシイタケは水につけて戻します。干しシイタケにはまだ酵素の働きが残っているので、水につけている間にもリボ核酸が分解されグアニル酸が増えます。ただし、戻すのに時間がかかるからといって、お湯を使うとグアニル酸が壊れてしまいます。シイタケにはグアニル酸を分解する酵素も含まれ、その酵素は45〜60℃で作用するためです。また、干しシイタケの戻し汁には、アミノ酸などのうま味成分がたくさん溶け出しているので、捨てずにだしとして利用します。

世界のだし

だしは、肉や野菜などの素材からうま味成分を抽出したものです。うま味をたっぷり含んだだしを使っているのは日本人ばかりではありません。世界各国の料理にもだしがあり、うま味を使っておいしい料理を楽しんでいます。日本のだしと世界のだしを比べてみましょう。

英語ではだしは「スープストック」といいます。牛や鶏、魚の肉や骨、野菜などからとった煮だし汁のことで、スープやソースの素になります。フランス料理では、スープに使われることの多い「ブイヨン」やソース類に使われることの多い「フォン」があります。中国料理では「湯《タン》」があります。

短時間でとる日本のだしは、うま味のアミノ酸だけをさっと抽出したもので、透明でうま味が強いのが特徴です。だしの材料の代表的なものは昆布やかつお節、干しシイタケですが、それ以外にも煮干しがよく使われます。煮干しは、魚介類を一度煮てから乾燥させたもので、カタクチイワシやマイワシなどの煮干しを指すことが多いです。西日本では煮干しのことを「いりこ」と呼びます。煮干しのだしは、かつお節のだしと比べると、酸味が弱く、生臭みが強く、みそ汁や煮物などによく使われます。西日本ではトビウオをアゴと呼び、アゴを乾燥させたアゴ干しがだしをとるのによく使われます。精進料理では、昆布やシイタケのほか、かんぴょうや大豆などの乾物、野菜などからもだしをとります。

これに対し、フランス料理や中国料理などのだしは、長時間煮込むもので、濃厚に感じます。肉や野菜を煮込んでいくと、その中に含まれている成分が溶け出していきます。タンパク質は分解してペプチドやアミノ酸になり、うま味が増します。動物の骨に含まれるコラーゲンは分解してゼラチンになり、なめらかな口当たりを与えます。材料から出てくる油脂や固形分により、だしは濁ります。

そこでブイヨンを使ったコンソメスープでは、透明にするために卵白を加えます。ゆっくりとかき混ぜながら温めると、卵白が濁り分とともに固まって浮いてきます。卵白のかたまりを布でこすと透明なスープになります。湯の一種である清湯《チンタン》では、ひき肉のだんごを加え、細かい泡が出るように静かに煮込みます。肉のタンパク質が凝固するときに濁り分が吸着され、透明に仕上がります。肉団子からはうま味が溶けて一層おいしくなります。

一方、白湯《パイタン》は短時間で強火で煮出すことで、脂を乳化させて白く濁らせただしです。これらはほんの一例ですが、世界各国の料理でも、目的によってだしの材料や作り方が違っていて興味深いです。

OISHI やみつきになるかつおだし

かつおだしのおいしさは、うま味はもちろんのこと、だしから立ち上る独特の香りにあります。かつお節の複雑な味と香りは、カツオを煮る、いぶす、カビ付けして発酵するという独特な工程から生み出されるもの。香気成分は４００以上に及ぶと報告されています。だしのおいしさを研究している、龍谷大学農学部教授の伏木亨は、長谷川香料総合研究所との共同研究によって、近年、かつおだしの詳細な分析から、かつおだしのおいしさに関わる新たな香気成分(4Z,7Z)－トリデカ－4,7－ジエナール（ＴＤＤ）という物質を発見しました。

伏木らはその前に、マウスを使った実験でかつおだしにはやみつきになるおいしさがあることを明らかにしました。そして、そのおいしさには香りが重要な役割を果たしていることが示されました。では、いったいかつおだしのどんな成分が私たちをやみつきにさせるのでしょうか。

かつお節からいくつかの方法で香気成分を抽出したところ、超臨界二酸化炭素で抽出した香気成分がやみつき効果に関与することがわかりました。超臨界とは流体の状態の一つで、気体と液体の区別のつかない状態のことです。超臨界二酸化炭素を使うと、熱に弱い成分や、揮発しやすく損なわれやすい成分も抽出できます。そのため、食品中の香気成分をバランスよく抽出することができます。

超臨界二酸化炭素によって抽出した香気成分から、かつおだしのおいしさに関わる重要な成分が絞り込まれ、そこからTDDが見つかったのです。TDDは食品の香気成分としてははじめて発見され、微量でかつお節に特徴的な木材のような香りを表現できることがわかりました。

また、ベテランの料理人の官能評価によって、TDDを含むかつお節フレーバーは、かつおだしをより好ましい風味にさせる効果があることも示されました。官能評価は人の感覚による評価なので、この効果を客観的に評価するため、人の生理的な反応を近赤外分光法（NIRS）を用いて計測しました。この方法では、近赤外光によって唾液腺の活動に伴う血流の変化が測定できます。唾液が出ることは、食べたいという指標になり、おいしさを客観的に計測できるものと考えられています。NIRSにより、TDDを含むかつお節フレーバーは、TDDを含まないフレーバーよりも有意に唾液腺の活動を高めることがわかりました。かつおだしのやみつきになるおいしさに関わる成分として注目されています。

食べ物や飲み物のおいしさには香りが必須ですが、香りのどの成分がおいしさに関わっているかを解明するのは難しいことです。この研究では、ヒトの感覚と化学が結びつくことによって発見がありました。

日本料理を支えているだしのおいしさにも、うま味成分のみならず、だしの持つ特有の香りが大きく貢献していることがこの研究から示されました。だしのおいしさにはまだ解明されていない要素があるのではないかと、さらに研究が進められています。

調味料

おいしさを引き出す食塩、砂糖、食酢

料理のおいしさの決め手になり、食品のおいしさを広げてくれるのが調味料です。調味料は料理や食品に塩味や甘味、うま味などの味や香りを付け、好みの風味にするために加えるものです。調味料がなければ、毎日の食事は味気なくなってしまうでしょう。調味料は私たちの食生活に欠かせないものなのです。

調味料の種類は多いのですが、基本的な調味料である食塩と砂糖、食酢のおいしさを生み出す

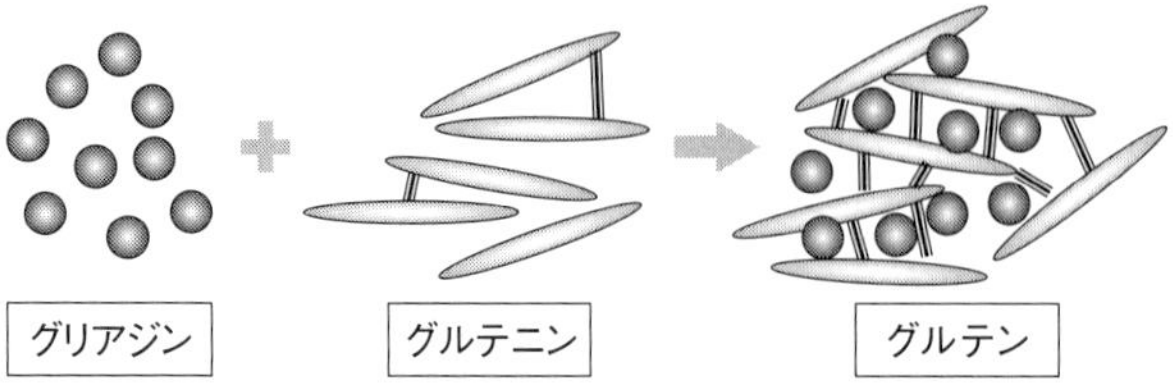

それぞれの分子内のS-S結合が、分子間の結合に変化して結びつき、網目構造ができる。

図3-3　**グルテンの網目構造**

働きを見てみましょう。

食塩は、塩化ナトリウムが主成分ですが、それ以外に塩化マグネシウムや硫酸マグネシウム、硫酸カルシウムなどをわずかに含んでいます。食塩は食品に塩味をつける味付けだけでなく、調理にも頻繁に使われています。

食塩を加えることで腐りやすい食べ物が保存できることはよく知られています。これは、食塩を5％以上加えると腐敗の原因になる微生物の増殖を抑えることができるからです。漬物は食塩の脱水作用を利用したもの。浸透圧により、野菜などの細胞の水分を引き出します。

食塩は、食品を固めるのにも役立ちます。うどんのコシやパンの弾力はグルテンというタンパク質によって生み出されます。小麦粉に水を入れて練ると、小麦中に含まれているグルテニンとグリアジンというタンパク質が絡み合ってグルテンができます（図3－3）。このグルテンの生成を食塩が助けます。茶碗蒸しでは食塩を加えることでほどよく卵が固まりますし、ハムやソーセージ、かまぼこ、ハンバーグなどでも食塩を加えることで固まります。食塩によって塩溶性タンパク質が溶け出し、溶けたタンパク質が糊となって肉を固めてくれるからです。

砂糖は甘味を付けるための調味料で、サトウキビやビート（砂糖大根）から作られます。人類最初の甘味料は、はちみつであるといわれていますが、砂糖もすでに紀元前から使われていたようです。日本には8世紀半ば、奈良時代に中国から伝来しました。昔は砂糖は貴重品で、庶民が使うようになったのは、20世紀に入ってからです。

砂糖の主成分であるショ糖（スクロース）はブドウ糖（グルコース）と果糖（フルクトース）からなります（図3－4）。ブドウ糖単独では甘味が強くないのですが、果糖と組み合わされたショ糖分子は強い甘味を持ちます。

ジュースの原材料の表示などでよく見かける異性化糖（果糖ブドウ糖液糖と書かれていることも多い）はこの性質を利用したものです。ブドウ糖（グルコース）と果糖（フルクトース）の分子が混ざった液体で、水によく溶け、甘味が強いので清涼飲料水や冷菓などによく使われています。この異性化糖は砂糖の代替として1960年代後半に日本で開発されました。トウモロコシなどのデンプンをブドウ糖に分解し、さらにその一部を酵素で果糖（フルクトース）に変換して

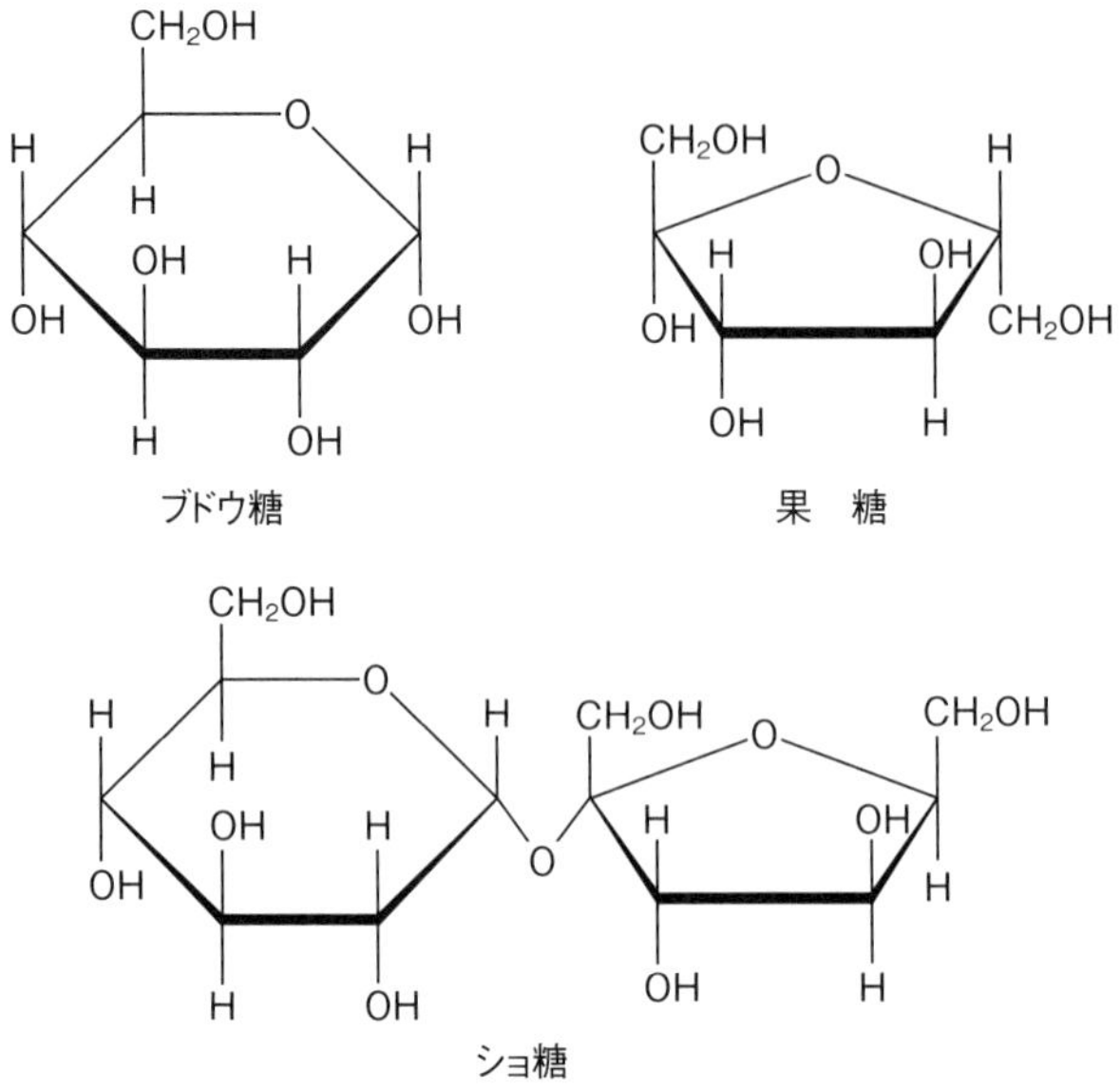

図3-4　ブドウ糖、果糖、ショ糖の構造

作ります。

砂糖が水によく溶けるのは、水を引き付ける水酸基が分子に多く存在するからです。砂糖は水との親和力が強いので食品の保水力を高めます。しっとりとした煮豆や、つやつやの栗きんとんは砂糖の保水力によるものです。また、砂糖の保水力が高いということは、微生物が使うことのできる水分が減るということ、つまり微生物の活動を妨げます。ジャムや羊羹、砂糖菓子などが水分が多いのに保存できるのはそのためです。

ジャムやマーマレードがトロリとしているのは、ペクチンによるもの。ペクチンは果実の細胞壁などに含まれている多糖類の一種です。ペクチンを酸性下で砂糖とともに加熱するとゲル化し、ゼリー状になります。ジャムやマーマレードはこの作用を利用しているのです。プリンのカラメルソースの褐色やカステラのおいしそうな焼き色も砂糖によるものです。

食酢は酢酸を主成分にした酸性の調味料で、デンプンや糖をアルコール発酵させ、さらに酢酸発酵させて作ります。酸味を加えるための調味料で、すしや酢の物、酢みそのような酢を使った料理では酸味によるさっぱりとした風味を楽しむことができます。食酢は酸性であるため、微生物の増殖を抑えたり、殺菌したりする作用があります。そのため、ピクルスにするなど、傷みやすい野菜を保存するのに使われます。レンコンやゴボウなどの野菜の変色を防ぐために酢水につけるのは、野菜を変色させる酵素の働きを抑えるからです。しめさばなど魚を酢でしめると魚の表面が白っぽくなり風味が出ます。これは食酢がタンパク質を凝固させるからです。

微生物が作る複雑なおいしさ——みそ、しょうゆのメカニズム

日本人の食卓に欠かせないみそやしょうゆは、大豆を発酵させた調味料です。食塩や砂糖と違

って、うま味を中心にした複雑な風味を持ち、おいしさを作ります。

みそは、煮た大豆に麹や食塩を加えて発酵させ、熟成させたものです。麹は、蒸した米や麦、大豆などの穀類に麹菌を繁殖させたものです。麹菌の持つ酵素は原料の米や小麦に含まれるデンプンや、大豆に含まれる多糖類を分解します。分解によってできた糖は、微生物の栄養源になり、麹以外にも乳酸菌や酵母菌などが生育します。生育した微生物は原料の成分をさまざまに変化させ、うま味や酸味、甘味などの味成分、アルコール類やエステル類などの芳香成分を作ります。微生物によって熟成期間にできる成分がみそ特有の色や香り、うま味となります。みその味は、分解してできた糖類による甘味、アミノ酸などによるうま味、食塩の塩味のバランスによって特徴づけられます。

みその種類は多いのですが、みそ汁などに使う「普通みそ」とそのまま食べる「なめみそ」に、大きく分類されます。普通みそには原料や麹の製法によって、米みそや麦みそ、豆みそがあり、さらに甘口や辛口、白みそや赤みそなど日本各地でさまざまなみそが作られています。信州みそ、仙台みそのように産地の名前がついたみそもたくさんあります。

京都の白みそは米が多く、熟成期間も1~2週間と短いため、色が白くやわらかいのですが、名古屋の八丁みそは大豆を原料に2年以上も熟成させるので、色が濃く、かたくなり、風味も濃厚です。信州みその熟成期間は半年ほどで、白みそや八丁みその中間の淡い色合いです。白っぽいものや赤、淡色のもの、黒いものなどさまざまなみその色は原料や製法、熟成期間を反映しています。また、熟成中の成分の変化は、気温や湿度など環境の影響を強く受けるため、多様な風味が生まれます。

しょうゆは、最も身近な調味料で、かけるとなんでもおいしくなるから不思議です。みそと同様に大豆を発酵させたもので、さまざまな微生物のはたらきによって、色や味、香りの成分ができます。しょうゆやみその起源は中国の「醬《ジャン》」です。醬は魚や肉、野菜、穀物を塩漬けにして発酵させたもので、日本語では「ひしお」と読み、それぞれ「魚醬《うおびしお》」、「肉醬《ししびしお》」、「草醬《くさびしお》」、「穀醬《こくびしお》」といいますが、その穀醬がみそやしょうゆに発展したと考えられています。ちなみに、魚醬は秋田の「しょっつる」や能登半島の「いしる」や塩辛に、草醬は漬物に発展したとされています。

しょうゆを作るときは、まず蒸した大豆と煎った小麦に麴菌を加え、麴を作ります。この麴に食塩水を加えてできた「もろみ」を発酵、熟成させます。もろみは麴菌の生産した酵素で分解が始まり、耐塩性の乳酸菌や酵母のはたらきで発酵し、さらに熟成が進みます。昔ながらの製法では、しょうゆを仕込む木樽や蔵にすみついた微生物を利用していました。いろいろな微生物が次々に作用し、風味を作り出します。発酵や熟成には半年から1年ほどかかり、発酵の過程にできたもろみを搾り、火入れ（加熱）をして製品になります。火入れすることで、微生物の働きを止めるとともに、香りなどの風味が強まります。

しょうゆの味は、発酵や熟成の過程でできたグルタミン酸などのアミノ酸によるうま味を主体に、ペプチドや糖類、有機酸が混合したものです。しょうゆの色は、アミノ酸と糖を加熱した際に起こるメイラード反応によってできます。

しょうゆを注いだときの独特の香りは食欲をそそります。しょうゆの香りは、エステルやカルボニル化合物、フェノール化合物、含硫化合物など300種類以上の成分のバランスから成り立っています。しょうゆの特徴的な香りを作る成分として4－エチルフェノールなどが知られています。このしょうゆ特有の香気は、アルコール発酵が落ち着いたのち、熟成期間になってから増殖する後熟酵母が作ります。しょうゆを焦がしたときにできるおいしそうな香りも、メイラード反応によるものです。

もろみの搾りたてのしょうゆを生《なま》しょうゆ（生揚《きあ》げしょうゆ）といいます。搾りたてしょうゆはおだやかな風味で独特のおいしさがあるのですが、火入れしないしょうゆの保存や流通は難しく、製造現場の人しか味わえませんでした。ところが最近では、製造や包装技術の進歩で、火入れしないしょうゆが売られています。これは熱を加えるのではなく、特殊な濾過をすることで微生物を除いています。また二重構造の特殊な容器が開発され、劣化を防いでいます。

食品を格段においしくする油脂

パンにバターやマーガリンをぬったり、サラダにドレッシングをかけたりすると、風味が増しておいしくなります。また、天ぷら、フライ、ポテトチップスなど揚げ物はカロリーが高そうだなと思ってもついつい食べてしまいます。このように油脂は、食品の口ざわりを変え、独特の風味を与えます。油脂そのものに味はありませんが、油脂を加えると食品は格段においしくなります。その理由は、味物質と油脂が共存したときに苦味や酸味などの不快な味を抑え、うま味や甘味などの後味を持続させる役割をしているためではないかと考えられています。

脂肪分の多い牛乳のほうがコクを感じられるように、油脂が加わるとコクや濃厚感が加わります。油脂は水に溶けないので、食品中でエマルジョンを作ります。食品の中で油中水滴型（W／O型）のエマルジョンができると濃厚に感じ、水中油滴型（O／W型）ではまろやかに感じます。どちらのエマルジョンの形で共存するかによって、味わいが微妙に異なるようです（31ページ参照）。

油脂は冷えると固まり、温めると溶けます。溶けるときの温度を融点といいます。油脂の種類により融点が異なります。大豆油やなたね油などの植物油は融点が低いので常温で液体ですが、ラードやバターなど動物の脂は融点が高く常温で固体のものが多いです。定義はありませんが常温で液体のものを油、固体のものを脂として区別することが多いです。油脂を構成する脂肪酸は種類によって融点が異なり、融点の低い脂肪酸が多いか少ないかが油脂の性質を決めています。サラダ油は大豆油やなたね油などの植物油を精製したもので、使いやすいように固まりやすい成分を除去してあります。そのためいつでも透明でさらさらなのです。オリーブ油など精製していない油脂は、融点が高く固まりやすい脂肪酸も混じっているので、冬になると白濁していることがあります。

食品中の油脂の融点は食品の口当たりに関わり、おいしさに大きく影響します。霜降り牛肉のやわらかさは筋肉中の脂肪組織によるものですが、加熱調理をして溶けた脂肪が肉になめらかな感触を与え、食べたときにおいしさとコクを感じさせます。

炒め物や揚げ物のおいしさは、油脂の風味に加え、食品を高温で調理できることで生まれます。油脂は水に比べて比熱が小さいので同じ火力で調理すると水の約2倍の速さで温度が上昇し、容易に高温になります。そのため、揚げ物では高温短時間で材料をやわらかくしたり、タンパク質を凝固させたりするとともに、からっとした食感を作ります。また、高温になりやすいので、調理の過程で食品成分の分解や反応が速まり、風味を増加させます。

また、脂は水と混ざらないので、食品の付着を防ぐ潤滑油になります。食品を炒めるとき、フライパンに油脂を引くことで、フライパンに食品が付着するのを防ぎます。さらに、引いた油と材料から溶け出した脂が材料のまわりをおおって膜を作ります。鍋の熱は、油の膜を通して材料の表面に伝わります。中国料理では「油通し」という技法があります。これは炒める前に材料を熱した油の中に短時間くぐらせるというものです。油通しをすると材料のまわりに油の膜ができ、炒めるときに水分が出にくくなります。また、炒める時間が短くなるので、炒めものの野菜はシャキシャキと歯ごたえがよく、鮮やかな色の仕上がりになります。

クッキーやケーキなどお菓子にも油脂は欠かせません。クラッカーやクッキー、パイなどのもろく砕けやすい性質をショートニング性といい、これはバターやマーガリン、ショートニングなどの固体油脂によって生まれます。また、油脂を攪拌すると、空気を細かい気泡として抱き込みクリーム状になります。この性質をクリーミング性といい、ケーキやバタークリームなどの軽い口ざわりを作ります。

油脂自体に味はないのですが、味物質と油脂が共存したときその味を抑制したり、味を増強させたりする役割をしているのではないかと考えられています。たとえば、苦味や酸味を抑え、うま味や甘味などのあと味を持続させます。また油は高温になりやすいので、調理・加工時に食品成分の分解や反応が速く進み、風味が増します。

おいしさを引き立てる香辛料（スパイス）や香草（ハーブ）

香り付けや辛味付け、色付けなど料理に風味を加えてくれる香辛料や香草は、おいしさの引き立て役として欠かせないものです（表3－1）。コショウ、ナツメグやカルダモンなどよく使われる香辛料は熱帯や亜熱帯地方の植物の実や花、つぼみ、木皮などから作られています。どれも刺激のある香りを持ち、少量でも食べ物の風味を改善したり高めたりすることができます。ミントやバジルなどのハーブは良い香りのする植物で、料理の風味付けに使われます。和食ではわさびやサンショウ、ユズ、ショウガ、ミツバなどがよく使われます。

世界で最も多く使われているスパイスであるコショウはインド原産のコショウの実を乾燥させたものです。未熟な実を乾燥させたものが黒コショウ、完熟した実の皮をむいたものが白コショウ、そのほかに緑コショウや赤コショウもあります。主な辛味成分はピペリンやシャビシンで、ピペリンは紫外線が当たると辛味の少ない別の類縁化合物に変わることが知られています。コショウの刺激的な香りや辛さは古代から人々を魅了してきました。また肉や魚の臭みを消し、おいしさを引き立てるだけでなく、抗菌、防腐作用があり、食品の保存にも重宝されてきました。このように香辛料には、抗菌、防腐作用のあるものが多く、古代ではミイラの保存にクローブやク

香辛料名	成分と特徴	
トウガラシ	辛味成分：カプサイシン	体温上昇、発汗・脂肪代謝を促進
コショウ（ペッパー）	辛味成分：シャビシン・ピペリン	食欲増進、防腐効果
わさび	辛味成分：シニグリン 香気成分：ワサビオール	シニグリンが酵素によって分解され、辛味成分が生じる
ショウガ（ジンジャー）	辛味成分：ジンゲロン、ショウガオール 香気成分：モノテルペン類	健胃、整腸作用
サンショウ	辛味成分：サンショオール 香気成分：シトロネラール、ゲラニオールなど	粉ざんしょう、実ざんしょう、木の芽として食する。
ナツメグ	香気成分：モノテルペン類	加熱すると甘味が出る
クローブ	抗酸化成分：オイゲノール	芳香性の精油を含む。 殺菌・抗酸化作用、虫歯予防に効果がある
オールスパイス	香気成分：オイゲノール	精油のピメント油が着香料としても使われる
サフラン	黄色色素成分：クロシン	サフランライスが有名。 最も高価な香辛料
パプリカ	赤色色素成分：カプサイシン	元々ハンガリー料理で多く使われ、広まった
ターメリック（うこん）	黄色色素成分：クルクミン	抗酸化性。薬用に用いられる

表3-1　**主な香辛料の成分と特徴**

ミン、シナモンが使われるなど、香料のみならず防腐剤として、また薬品としても大変な貴重品だったのです。

　香り付けでは、肉や魚など食材の臭みを消すマスキング作用（矯臭作用）や、素材に適した香りを付与するエンハンス作用（賦香作用）があります。肉料理でよく使われるナツメグやクローブ、オールスパイスなどに含まれるオイゲノールは、強く甘い香りと舌を刺すような刺激的な辛味と苦味があります。このオイゲノールは匂い消しに抜群の効果を発揮し、食材の不快な香りを抑え、風味がよくなることでおいしさもより引き立ちます。バニラやシナモンの甘い香りはケーキやクッキーなどのお菓子によく使われます。

　辛味作用は食欲を増進させます。辛味成分には先のコショウのピペリンのほか、トウガラシのカプサイシン、ショウガのショウガオールやジンゲロン、サンショウのサンショオールなどが知られます。これらの成分を食べると舌の味覚受容体（216ページ参照）の温度感覚と痛みの受容に関わるイオンチャネルに受容されます。すると、辛味を感じる痛覚と温度感覚が刺激され、香辛料の香りとともに独特な風味を感じることができます。そのため辛いものを食べると体が温かくなったり、その味わいが癖になったりするのかもしれません。

　さまざまな料理の色付けにも香辛料は使われます。カレーの黄色はターメリックのクルクミンという色素によるものです。栗きんとんを黄色くするために使われるクチナシにはクロセチンという色素が含まれます。パプリカやサフランにはカロテノイドが含まれ、料理を鮮やかなオレンジ色に仕上げます。パプリカを使ったハンガリアンシチューやサフランライスなど風味だけでなく、色もおいしさをそそります。

カレー粉のように香辛料を使いやすくするためあらかじめ混ぜてあるものもあります。日本人には七味唐辛子（唐辛子、山椒、麻の実、ゴマ、陳皮、けしの実、青じそなどの混合物）がおなじみですが、中国では五香粉《ウーシャンフェン》（陳皮、シナモン、クローブ、フェンネル、八角などの混合物）、フランスではカトルエピス（4つのスパイスの意味。ブラックペッパー、ジンジャー、クローブ、ナツメグの混合物）など各国に組み合わせがあるのはおもしろいところです。ガラムマサラは、クローブ、シナモン、ナツメグをベースに、カルダモンなど3～10種類ほどが配合されたインドの代表的なスパイスです。料理の辛味やうま味などを引き立てます。カレー粉と似ているのですが、ガラムマサラではターメリックを使わないので黄色くありません。

熟成

時間をかけてもっとおいしく

熟成はさまざまな食品のおいしさと結びついています。食べ物を寝かせると、風味がまろやかになり、新たな風味が生まれておいしくなります。近ごろは、低温でしばらく寝かせてうま味を増した熟成肉がブームになり、「熟成」という言葉が頻繁に聞かれるようになりました。そのほか、ビンテージワインや古酒、長期熟成させたみそやチーズなど発酵食品では「熟成」がおいしさの重要な要素のようです。

よく発酵と熟成が混同されるのですが、発酵イコール熟成ではありません。熟成の要因には微生物の作用以外にもさまざまなものがあるので、発酵は熟成のひとつの要因であるといえます。

熟成させている間に食品は腐らないのでしょうか。ここで「発酵」と「腐敗」の違いを比べてみましょう。どちらも微生物の作用によるものですが、食品の発酵とは微生物により食べ物の成分を変化させ、風味や保存性を高めること、有毒な物質や悪臭が生じるなど好ましくない変化であれば、腐敗になります。

熟成とは、食品を長い時間置いておくことで、食品の色や味、香り、歯ざわりなどを変化させ、好ましい状態にすることとなのです。食品を寝かせて風味が変化しても、品質が向上しなければそれは「熟成」とはいわず、「変質」や「劣化」になります。人によっておいしさの感じ方は違うし、食品の種類によって熟成のメカニズムも多様です。そのため、熟成を定義したり、評価したりするのは簡単ではありませんが、食品が熟成する要因には、微生物の酵素作用（発酵）、食品が持つ酵素の作用、食品や容器などの成分どうしの化学反応、食品成分の物理的な変化などがあげられます。これらの要因が同時に絡み合って熟成は起こります。ただ食品を寝かせただけでは、あっという間に食べ物は腐ってしまいます。食品の熟成操作には、風味の変化を品質の向上につなげるため、温度や時間などの条件を課すなどのさまざまな工夫がほどこされています。

うま味と色の変化

みそやしょうゆなどの調味料、ハムやソーセージ、チーズなどを長期間熟成させるのは、うま味が増し、複雑な味わいが生まれるからです。熟成肉も寝かせることでうま味を増やしています。

これらの食品はみなタンパク質を多く含んでいますね。その食品中のタンパク質は、寝かせておくと、微生物や食品そのものが持つ酵素でアミノ酸やペプチドに分解されうま味成分などに変わります（26ページ参照）。

タンパク質はアミノ酸が長くつながったもので、分解されるとアミノ酸やアミノ酸が少数つながったペプチドになります。タンパク質そのものではあまり味を強く感じませんが、アミノ酸やペプチドに分解されればされるほど味を強く感じるようになります。グルタミン酸というアミノ酸は代表的なうま味成分でうま味を強く感じますが、単純な味で後味としては残りません。ところがペプチドが加わるとコクや濃厚な味わいになります。また、塩味や酸味、苦味が弱くなるなど味わいが変わってよりおいしく感じます。

ペプチドといっても、生体中のアミノ酸は20種類もあるので、その種類や数によって膨大な組み合わせがあります。組み合わせの中には、うま味ばかりでなく甘味や苦味など味を感じさせるペプチドがたくさん見つかっています。

うま味ペプチドはそれほど強いうま味を感じさせるわけではないのですが、うま味成分であるイノシン酸と共存するとうま味を相乗させます。大豆タンパク質や乳タンパク質の分解物からは苦味を感じる苦味ペプチドがたくさん見つかっていて、チーズの苦味に関わっています。また甘味を感じさせる甘味ペプチドもあります。たとえば、ダイエット飲料に使われている甘味料のアスパルテームはペプチド化合物です。さらにペプチドには苦味や酸味を抑制する効果があるものも知られ、味をまろやかにしています。

みそやチーズ、熟成肉などはたくさんのタンパク質を含み、発酵や熟成の過程でさまざまなペプチドができます。ペプチドが増加することで食品の味を改良し、より複雑で好ましい味に変化させています。

熟成させると食品中の成分が反応して、食品の色も変化します。たとえば、みそやしょうゆの色が変化するのは、メイラード反応によるもので香ばしいにおいも生まれます。

色が見事に変化するものといえば、ウィスキーがあげられます。これは熟成している間に樽材成分や、樽を焦がした成分がウィスキーの成分と反応することで起こります。

ウィスキーは、大麦の麦芽を主な原料にしたお酒で、醸造したあと蒸留し、樽に貯蔵して作ります。蒸留したての新酒は無色透明ですが、これを樽に詰めて長期にわたり熟成させると、琥珀色のウィスキーへと変身をとげます。熟成期間は短いものでは3年、長いものでは20年以上にもなります。樽の中では、まずウィスキーが樽の中にゆっくり浸み込みます。その後、樽材から香りや味わいの成分がゆっくりと溶け出し、熟成が進みます。熟成中には、複雑な化学反応によって色が変化し、香気成分などが生まれます。

ウィスキー作りでは、木の香りが強すぎるため、新しい樽をそのまま使いません。古い樽や内側表面を強く焼いた樽を使います。樽の表面を焼くと、木の成分が分解し、甘い香りの成分になります。また、タンニンなどのポリフェノールもウィスキーに溶け出しやすくなり、琥珀色の色合いや熟成香、渋味を与えます。

独特の食感を生み出す

食品を熟成させると、独特の食感が生まれ、食品の風味を向上させます。たとえば、うどんのこしやパンのモチモチ感があげられます。どちらも小麦粉を練った生地を数時間寝かせて作ります。小麦粉を練った生地を寝かせると、小麦タンパク質が変性しグルテンを形成します（図3－3）。タンパク質の網目構造が作られることで、食感が変化するのです。うどんは数時間しか寝かせませんが、これも熟成の一種です。

手延べそうめんは、冬に製造し、高温多湿な梅雨をこすと独特の風味や食感が生まれ、おいしくなります。この高温多湿の梅雨をこすことを「厄《やく》」といい、さらに「ひね」と呼ばれる2回以上の厄をこしたものはさらにおいしくなるといわれています。そのメカニズムはまだ明らかにされていませんが、原料の小麦粉にふくまれるデンプンやタンパク質、加工に使われる油が変化し、相互に作用することで風味が向上すると考えられています。

果実は熟成するとやわらかくなり、干し柿ではもっちりとした独特の食感が生まれます。

新潟県で作られるサケの塩引きは、1週間ほど塩漬けしたのち水で洗って塩分を抜き、北風に当てながら陰干しし、3週間ほどかけて熟成させたものです。塩鮭と似ていますが、熟成させているので風味は大きく異なります。塩引きをさらに乾燥させて夏ごろまで熟成したものを「酒びたし」といいます。乾燥の度合いで食感も変化し、干物のようなソフトな食感から生ハム状になり、さらに酒びたしになるとがちがちにかたくなります。酒びたしは薄くそぎ切りにして、酒やみりんにひたして食べます。風味の変化ばかりでなく、食感の変化も楽しむ伝統食品です。

配合成分を均一にし、安定化させるのも熟成の効果です。ソースは、トマトや香味野菜のジュースやスパイスなどの材料を混ぜ合わせて、寝かせることで、素材の甘味や塩味、うま味、香りなどの味や香辛料などが一体となり、おいしさが生まれます。

バターやチョコレートは熟成させることで、原料の脂肪の結晶の並び方が均一になり、なめらかな舌ざわりが生まれます。ガムは、ガムベースと糖類、香料を混ぜ合わせて成型し、保管された後に包装され出荷します。製造直後のガムは、組織がまばらで十分な硬さはないのですが、1週間ほどで成分が移動し、安定化すると組織が密になり、噛み応えができます。意外ですが、チューイングガムにも食べごろがあるのです。

OISII 食品をおいしくする魔法

冷蔵庫のない時代、人々は乾燥させたり、塩漬けにしたりして食品を保存しておきました。保存した食品を取り出して食べてみると、風味や歯ざわりが変化しておいしくなることに気が付き、もっとおいしく、もっと長く保存しようと工夫した結果、さまざまな熟成食品が生まれました。伝統的な熟成食品には先人の知恵が詰まっていて、驚かされるものがたくさんあります。

このような熟成の技術は、食品を加工するときの長い間の経験や勘から生まれたものが多く、メカニズムの不明なものも多いのです。石川県の「フグの卵巣の糠漬《ぬか》け」は、有毒なフグの卵巣を3年間にわたり糠漬けしたもの。不思議なことにフグの卵巣は無毒化され、独特の風味を持つ食べ物に変わります。なぜ毒が無くなるのかはまだ十分に解明されていません。

一方、科学の進歩によって、経験や勘に頼ったり、時間をかけたりしなくても熟成の風味を再現できるようになりました。たとえば、白菜キムチやイカの塩辛などは材料を調味料とともに熟成させて作るものですが、現在の技術では、時間をかけなくても調味料で作ったタレを材料に混ぜるだけでその味になります。時代によって作り方は変わるのかもしれません。とはいえ、熟成はさまざまな食品をおいしくする魔法のようなもの。私たちの食生活を豊かにしてくれます。

第4章

食材のおいしさを探る

肉のおいしさ

肉のおいしさを決める要因とは

日本では、肉類が食卓に上り始めたのは、明治時代になってから。消費が本格的に伸びたのは戦後の高度経済成長期以降ですから、日本人の肉食の歴史は比較的新しいといえます。それからの肉の消費の拡大は目覚ましく、今日では若者中心に肉ブームが続いているようです。私たちを引き付ける肉のおいしさはどんなところにあるのでしょうか。ここでは、食欲をそそられる肉のやわらかさ、香りを科学してみましょう。

肉のおいしさを決める要因には、色や形状、香りなどの調理前に感じるものと食感や味、香りなど調理後口に入れて感じるものがあります。たとえば、肉を購入するとき、赤くて適度な脂肪の入った肉をおいしそうと感じます。肉が焼けるときのにおい、口に入れたときの肉のやわらかかさやジューシーさ、さらには口に広がるうま味を私たちはおいしいと感じています。

肉の味は、甘味、塩味、酸味、苦味、うま味の５種類の基本味に加え、肉独特の味やコクで作られています。コクは、それ自体には味はありませんが、うま味などほかの味に濃厚さや広がりを持たせるものです。

味の中心になるのは、主にアミノ酸であるグルタミン酸と核酸関連物質であるイノシン酸によるうま味です。筋肉中のグリコーゲンが分解されてできた乳酸が酸味になり、グルコース－６－リン酸という糖などが甘味になります。食肉は解体後、熟成させてから出荷されます。そのときにできたアミノ酸やペプチド、核酸関連物質などに加え、脂肪が肉特有の味やコクになっていると考えられています。さらに、複雑な味のバランスをとる成分ができることもわかっています。

うま味物質のグルタミン酸やイノシン酸は生体内の代謝に必要な成分です。これらは生命を維持するのに有利な成分であるため、私たちはうま味と感知して好んで食べているのかもしれません。

組織構造と脂肪がおいしさの決め手

食肉は牛や豚、鶏などの骨格筋を食用に加工したもの。骨格筋は、細くて長い多数の筋線維と

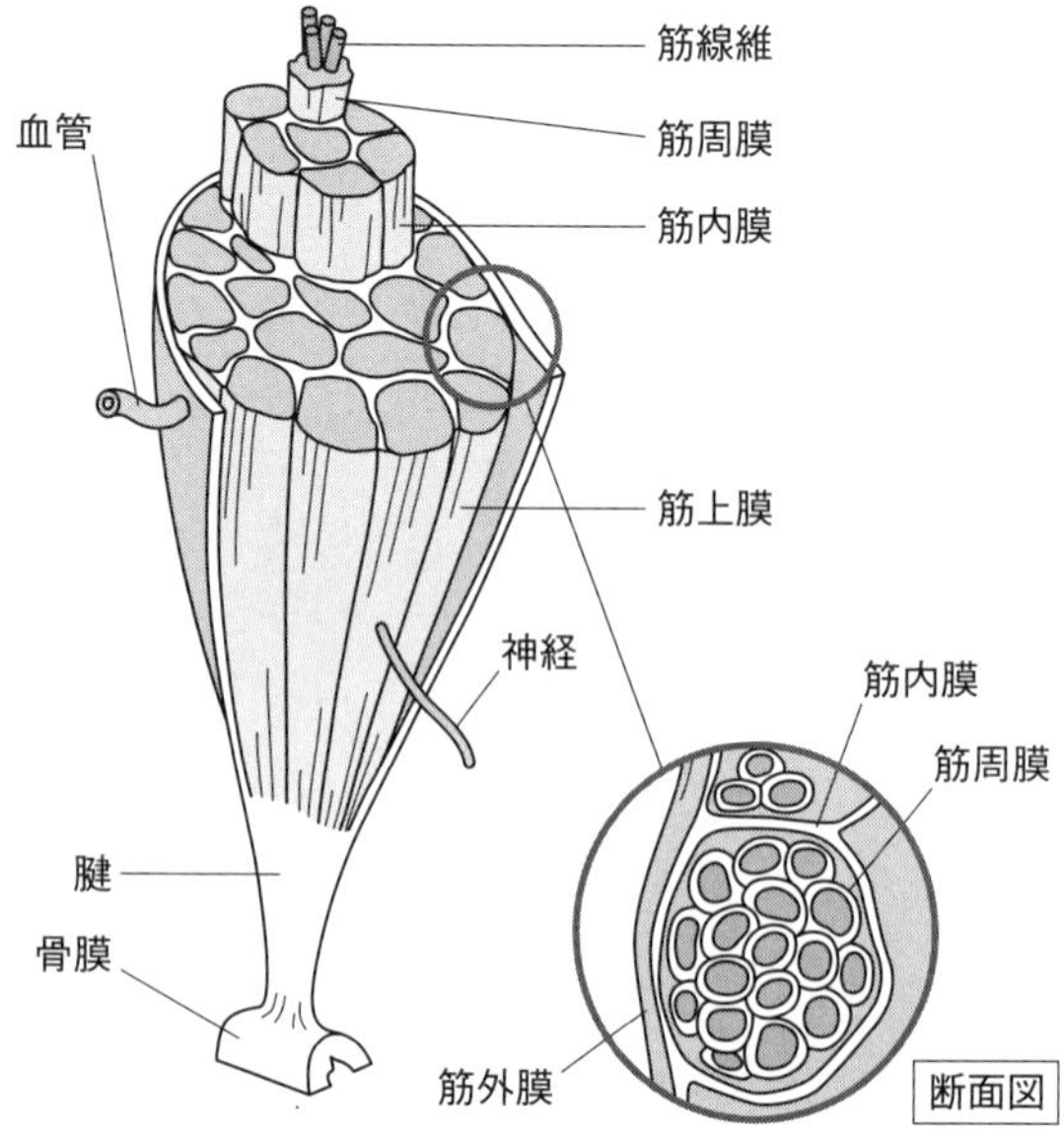

図4-1　**筋肉の構造**

その筋線維を束ねる結合組織の膜（筋周膜）、脂肪組織からなります。筋線維は、筋原線維と筋漿《きんしょう》からなります。筋線維が100～150本集まって束になり（第1次筋線維束）、さらにその束が数十本集まって大きな束（第2次筋線維束）になり、この束が集まって1つの筋肉を作っています（図4－1）。

筋線維束の断面積の大きさを「きめ」といいます。断面積が小さいと「きめが細かい」、断面積が大きいと「きめが粗い」といいます。きめが細かいほど肉質はやわらかくなり、粗いほど肉質はかたくなります。筋線維を束ねている筋膜は、組織間の

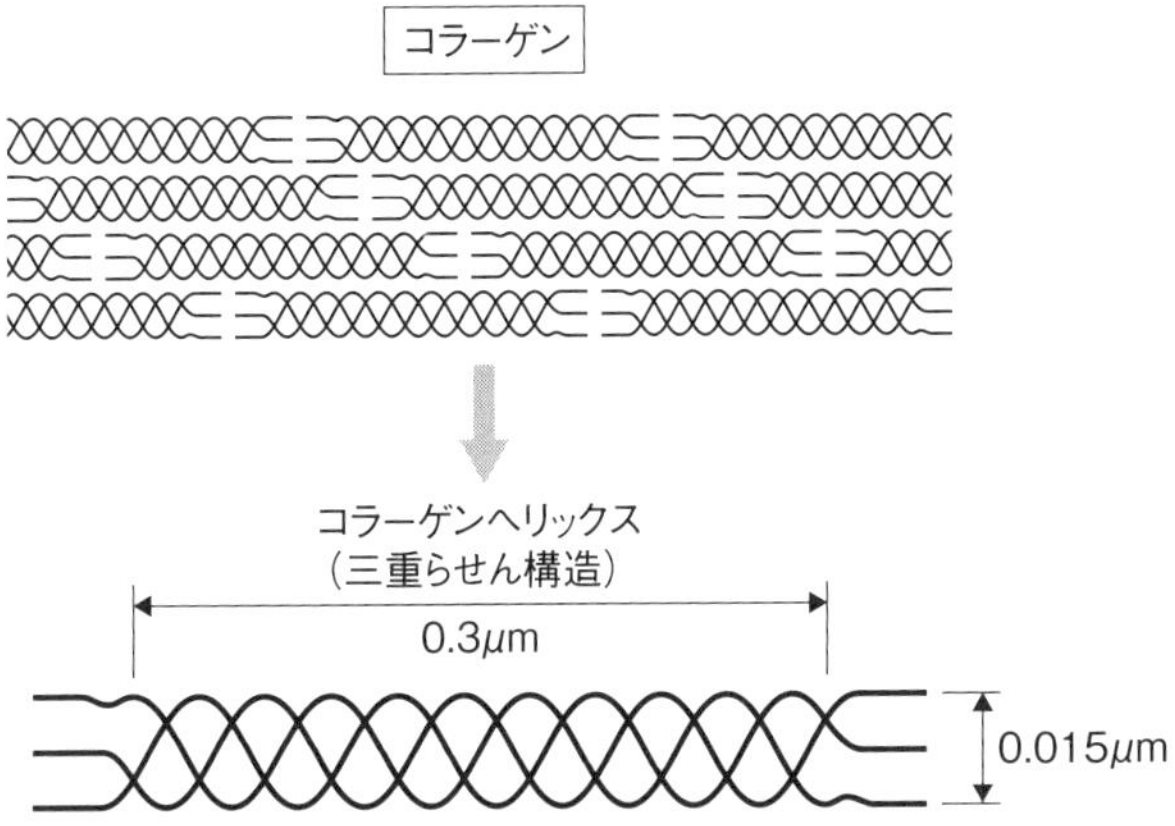

図4-2　**筋膜のコラーゲン組織の構造**

結合を担う結合組織でコラーゲン線維からできています。コラーゲンは三重らせん構造が架橋した集合体で、ロープのような作りをしています（図4－2）。引っ張り強度が高いため、量が多いほどかたく感じます。また成長するに従って、また運動量が多いほど丈夫でかたくなります。つまり運動量が多く収縮、弛緩を繰り返す筋肉は筋線維束が太く、強靭になります。一方、運動量が少ないと筋線維束が細くなり、きめが細かくなります。肉の部位では、運動量の多い「かた」や「すね」はきめが粗く、ほとんど運動をしない「ヒレ」や「ロース」はきめが細かくなります。

　栄養状態のよい家畜は、皮下や内臓のまわり、さらには筋肉内に脂肪を蓄積します。筋肉の中に入り込む細かい脂肪を「さし」といいます。中でも、脂肪が網目状に均等に筋肉内に入っている状態を「霜降り」といいます。適度に入ったさしは、肉質をなめらかにし、味にコクやまろやかさを与えます。

人気の高い和牛のおいしさはうま味もさることながら、肉と脂肪が一体となったやわらかさが特徴です。松阪牛、神戸牛などのブランド牛で知られる黒毛和牛は「さし」が遺伝的に入りやすい種類です。高級な霜降り牛では、赤身の肉の中に脂肪が約50％も占めるほどです。

食肉の脂肪は中性脂肪からできており、中性脂肪を構成する脂肪酸の種類によって脂肪が溶ける温度（融点）が異なります。

牛肉の脂肪は融点が高く（40〜50℃）、豚肉や鶏肉の脂肪は融点が低い（豚肉33〜46℃、鶏肉30〜32℃）ので、常温では豚肉や鶏肉のほうが牛肉よりやわらかく感じます。しかし、和牛肉には、豚肉や鶏肉より融点が低いものもあり、溶けやすい性質があります。そのため、調理するとすぐに脂肪が溶け出し、なめらかな舌ざわりを感じさせてくれます。

肉のおいしさには、香りも重要です。肉の香りは生鮮香気と加熱香気に分類できます。生鮮香気は生肉の持つ香りで、生で食べるたたきやタルタルステーキなどで重要です。加熱香気は肉を煮たり、焼いたりしたときの香りです。加熱香気はいくつかに分類できますが、中でも煮たり焼いたりしたときの好ましい香りが強いほど、おいしいとされます。赤身肉を焼いたときに出る独特の好ましい香りは、アミノ酸と糖のメイラード反応で生じます（29ページ参照）。

ナッツのような香りが魅力の熟成肉

前章で触れた「熟成」ですが、近頃、「熟成肉」を扱うレストランが増えています。熟成肉とは、低温（０〜４℃）で長く寝かせた肉のこと。普通の肉より、うま味が増していて、やわらかいのが特徴です。

そもそも肉を食べるためには熟成させる必要があります。解体直後の肉は死後硬直が起こりかたくなりますが、肉をしばらく寝かせると、しだいに硬直が解け、元のやわらかさに戻ります。これは、肉の中にもともとある酵素によって細胞や組織が分解される自己消化という現象によるものです。筋肉中のタンパク質が分解されると筋肉が軟化するとともにアミノ酸やペプチドが生成し、風味が向上し、生臭いにおいも消えます。熟成期間は、動物の種類や寝かせておく温度によって異なりますが、鶏肉で半日〜１日、豚肉で３〜５日、牛肉で10〜15日ほどです。

熟成肉は、この熟成期間をさらに長くしたもので、製法には２通りあります。一つは、ドライエイジングという製法で、牛肉を空気にさらした状態で専用の冷蔵庫に入れて、風を当てながら数十日間保存します。風を当てているので、肉の表面の水分が蒸発し、うま味がどんどん凝縮していきます。一方、肉の中では酵素が働き、タンパク質が分解されて、うま味の素となるアミノ酸やペプチドに変化していきます。それと同時に肉もやわらかくなっていきます。1ヵ月ほどたつと、肉のまわりはびっしりとカビにおおわれ、色も変わりますが、外側を削り落とすと、その中から、赤い熟成肉が現れます。肉全体の半分くらいの量を削り落とすうえに、できあがるまでにとても手間がかかります。熟成肉の値段が高いのはそのためです。

もう一つは、ウェットエイジングという方法です。これは、真空包装した肉を冷蔵庫に保管するというもので風は当てません。そのため、冷凍肉を冷蔵庫でゆっくり解凍するといった手順で作られていました。ドライエイジングに対してウェットエイジングと呼ばれるようになったのですが、こちらはどちらかといえば保存が目的です。ドライエイジングほど大きな風味の変化はないものの、やわらかくなることは同様です。

「肉は腐る直前がおいしい」といいますが、熟成肉は腐りかけの肉ではありません。腐るとは、腐敗細菌が繁殖し、タンパク質などが分解されて悪臭や有害物質が発生すること。一方、熟成肉では、温度や湿度をコントロールして肉を寝かせることにより、腐敗細菌の働きを抑えつつ、肉が本来持つ酵素や有用細菌を働かせて、肉の熟成を進めています。

ドライエイジングでは、水分を蒸発させるため、うま味が凝縮し、「熟成香」と呼ばれるナッツのような独特な香りも生まれます。この複雑な熟成肉の香りには、微生物の働きによる発酵臭も含まれています。熟成肉の香りは好みが分かれるようです。また、熟成肉では長く熟成させるため、筋肉の構造が大きくゆるみ、通常の肉の熟成や霜降り和牛とは異なる、ふわっとするような、独特のやわらかさになります。

熟成肉のおいしさは、うま味が増すことに加え、独特のやわらかさや熟成肉特有の複雑な香りの要素が大きいのです。熟成肉は硬い赤身肉をおいしく食べるために工夫されたものです。

和牛肉特有のおいしさの秘密

今日は奮発してごちそうを食べようというときに思い浮かぶのは、松阪牛や神戸牛など高級な和牛肉です。肉屋の店頭にはたくさんの牛肉が並んでいますが、それらは国産牛肉と輸入牛肉に大別されます。さらに国産牛肉には和牛肉と和牛肉以外の国産牛（国内で生産された牛肉）があります。和牛は日本在来品種の牛をいい、黒毛和種、褐毛《あかげ》和種、日本短角種、無角和種の４種がありますが、黒毛和種が和牛の90%を占めています。黒毛和種は遺伝的にさしが入りやすい素質を持ちます。松阪牛や近江牛などの銘柄牛は飼料などを工夫し、見事な霜降り肉にしています。最近では、海外でも和牛肉の人気が高まっており、日本からの輸出額がのびています。政府も和牛肉の輸出量を２０２０年までに5倍に増やそうと戦略を進めています。

和牛肉特有のおいしさはうま味という味のベースに加え、肉のやわらかさや脂肪と一体となった舌ざわりが作ります。それに加え、好ましい香りも大きな役割を果たしていることを、肉のうま味を研究する日本獣医生命科学大学教授の、松石昌典らは明らかにしました。

香りには、感じ方によって、鼻先で感じる「鼻先香」と口の中で食べ物を噛んだときに鼻に抜ける「口中香」があります。この口中香は、肉を食べたとき肉の種類を識別したり、おいしさを感じたりするのに重要です。

肉特有の香気を持つ化合物は100種類ほどが知られていますが、いずれも似たような構造をしており、複素環式の含硫化合物（図4－3）が多いのが特徴です。さらにこれらの香気成分は閾値が低く、2－メチル－3－フランチオールなどはオリンピックプールにわずか1滴たらしたほどで感じることができます。このような成分のにおいを感じることのできる最大の希釈倍率をFDファクターといいます。香気成分を段階的に希釈して、濃度を分析するとともに、においをかいでどこまで感じるのかを示したものです。FDファクターが大きいほど濃度が薄くても（微量でも）においを感じるということで、香気成分の分析などに使われます。これまでの研究によれば、牛や豚といった動物種や品種による食肉の香りの違いは、複数ある香気成分のFDファクターの大小差によるのではないかと考えられています。たとえば、牛肉や鶏肉ではFDファクターの大きい成分が見つかっており、動物種特有の香りを生み出している可能性があります。

和牛の肉では、昔から特有の甘い味がするといわれてきました。松石らは、その原因がいわゆ

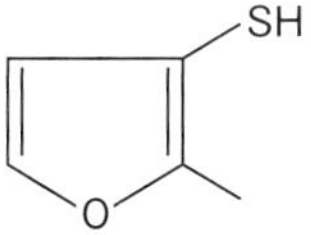

図4-3　**2-メチル-3-フランチオール（複素環式含硫化合物の一つ）**

る舌で感じる味ではなくて香りにあることを突き止めました。さらに、その和牛のおいしさに関わる甘いコクのある香りを見つけ、「和牛香」と名付けました。和牛香は、脂肪と肉が接する部分、つまり霜降り部分で生成します。さまざまな条件で検索した結果、和牛の肉を薄切りにして、空気の下で１～２日間貯蔵したあと、加熱すると和牛香が生成するのですが、40～１００℃の範囲では、80℃で最もよく生成することがわかりました。この香気の生成には細菌なども関与しないことが明らかになっています。この結果から、薄く切った肉をさっと加熱する「しゃぶしゃぶ」や「すき焼き」は和牛香を感じられおいしく食べられる調理法なのだそうです。

　松石らはＦＤファクターを手掛かりに和牛香の成分を分析しました。甘さにはγ-ノナラクトンなど果物の甘い香りの成分と同じ成分が関わること、また脂っぽさには、ジアセチル、アセトインなどの香気成分が関わることが明らかになりました。これらの成分が甘さや脂肪様の香気の中心を担う成分であろうと松石らは推定しています。

肉のかたさは何で決まるか

肉のかたさは、コラーゲンやエラスチンなど結合組織のバックグラウンドタフネスによるものと死後硬直によるライガータフネスによるものに分けられます。

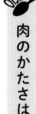

結合組織が多ければ多いほど肉がかたくなるので、バックグラウンドタフネスの変化は肉の食感に大きく影響します。また、これは品種や月齢の差で変化します。和牛肉が他の肉牛、たとえば輸入牛のアンガス種よりやわらかいのは、脂肪が筋線維の間に入り込んでいるからです。脂肪はコラーゲン線維でできた結合組織（膜）よりやわらかいのです。しかも脂肪が交雑すると結合組織の構造も弱くなります。また成長するにしたがって、コラーゲン分子間に架橋構造ができてコラーゲンが安定化し、肉はかたくなります。若い牛の肉のほうがやわらかいのは、コラーゲン分子間の架橋の生成の程度が少ないからです。

死後硬直をした筋肉には、収縮してアクトミオシンができます。アクトミオシンは筋原線維タンパク質のアクチンとミオシンの複合物ですが、ミオシンの太い線維とアクチンの細い線維の重なりが大きいために物理的に丈夫でかたく感じます。死後硬直がとける（解硬《かいこう》する）と肉がやわらかくなります。それを引き起こす因子については、これまでもいくつかの説が唱えられてきましたが、それらの従来の説とは別に、松石らはイノシン酸説を主張しています。イノシン酸がアクトミオシンをアクチンとミオシンに解離させて、アクチンの細い線維が、ミオシンの太い線維の間から滑り出すような現象を引き起こしているのではないかというものです。

そのきっかけは、ある調理によりイカが急激にやわらかくなるのを見つけたことでした。イカでイノシン酸がアクトミオシンをアクチンとミオシンに解離させることがわかり、さらに鶏肉や牛肉、豚肉でも同様の現象をみつけました。さらに研究が進んでいくと思われますが、おいしさの重要な成分であるイノシン酸が肉のやわらかさに関係しているのは大変興味深い話です。

魚介類のおいしさ

握りずしは江戸の偉大な発明品

魚介類のおいしさには、歯ざわりや歯応えなどの食感が大きく関わります。魚をいかにおいしく食べるかという知恵や工夫から生まれた「握りずし」から、魚介類のおいしさを探ってみましょう。

海に囲まれた日本人は、いろいろな種類の魚をたくさん食べてきました。魚は水分が多く、腐りやすいのが難点です。そのため、干したり、塩を加えたりと保存性を高めるための工夫がされてきました。すしももとは魚を保存するための工夫の一つだったのです。

「なれずし」はすしの最も古い調理の形で、魚をご飯に漬け込んだもの。ご飯が乳酸発酵し、粒が溶けてなくなるほどの長期にわたって、魚を保存することが可能になります。食べるのは魚だけで、ご飯は食べません。酸っぱくて、塩辛い独特の風味を持ちます。なれずしは東南アジアで生まれ、稲作とともに日本に伝来したと考えられています。流通や保存の技術が十分でなかった平安時代や室町時代では、なれずしが相当珍重されたようです。琵琶湖の鮒ずしが、なれずしとして今も残っています。

室町時代中期にはなれずしに比べ、発酵期間が比較的短く、魚だけでなく、漬け込むのに使ったご飯も食べる「生成《なまなれ》」が考案されました。さらに江戸時代になると酢の作り方が広まり、酢を使った「はやずし」が作られるようになりました。酢を使えば、乳酸発酵をすることなく、早く食べることができます。はやずしとして、箱に酢飯を入れ、魚を載せ、重しをして数時間後に食べるという「箱寿司」や酢飯と魚を笹で巻いた「笹巻きずし」ができました。そして、私たちがよく知る「握りずし」は、笹巻きずしをヒントにすし飯に生の魚の切り身を合わせたものとして、文政年間（１８１８〜１８３０年）にできたとされます。当時の握りずしは、屋台でさっと食べるファストフードだったことを考えると、現在の回転寿司の手軽さは江戸時代に原点回帰したものといえるかもしれません。

とはいえ、江戸時代の握りずしは、現在のものとだいぶ違っていたようです。１貫はおにぎりほどもある大きなもので、よく食べられていたネタは、コハダや白魚、アワビ、卵焼きなどでした。マグロはあまり使われなかったのですが、しょうゆが広まり、江戸時代後期に「ヅケ」が考案されてから普及したといわれます。

現在、私たちが食べている握りずしは、酢やしょうゆといった調味料がなければ生まれなかったといえます。さらには流通や冷蔵技術の進歩により、海の近くにいなくてもいろいろな種類の握りずしを食べることができるようになりました。

赤身、白身、イカ、貝――すしネタの食感にはワケがある

握りずしは、マグロなどの赤身の魚とタイなどの白身の魚、イカやタコの頭足類、エビなどの甲殻類に貝類と、さまざまな魚介類が組み合わされており、味や色などバラエティに富んでいます。こうした豊かな魚の持ち味に加え、私たちを引き付けるすしのおいしさはどんなところにあ

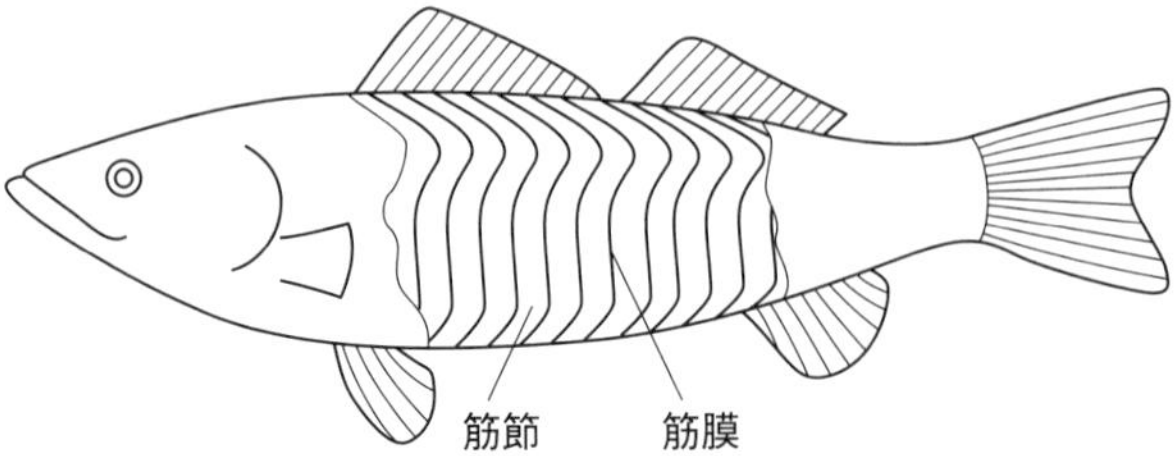

図4-4　魚の筋肉構造

るのでしょうか。実は、握りずしのおいしさは、魚に加え、貝類などが加わることでさまざまな食感が楽しめるところにもあります。

肉も魚も食べている部分はどちらも筋肉ですが、食感は異なります。これは筋肉の構造の違いによります。牛肉など陸上動物の筋肉は非常に長い筋線維を形成し、両端が細く頑丈な腱になって骨に結合しています（76ページ参照）。一方、魚の筋線維は短く、2～3㎝ほどの厚さの層状の構造をしています（図4－4）。魚の切り身を思い出すと魚の筋肉の構造のイメージがわくでしょう。この層を「筋節」といい、筋線維の層で、筋節と筋節の間は薄い膜状の「筋膜」でつながっています。この膜はコラーゲンなどの硬タンパク質からなる網目構造で、背骨と皮の間を走っています。コラーゲンは、水にも食塩水にも溶けない繊維状のタンパク質で、量や性質は肉のかたさに関わります。魚肉のコラーゲン量は、畜肉（約5％）に比べて少ない（2～3％）ため、やわらかいのです。また、コラーゲンの構造を維持する特有のアミノ酸「ヒドロキシプロリン」も畜肉に比べて少ないので、筋節の結合が弱いのです。この層状の構

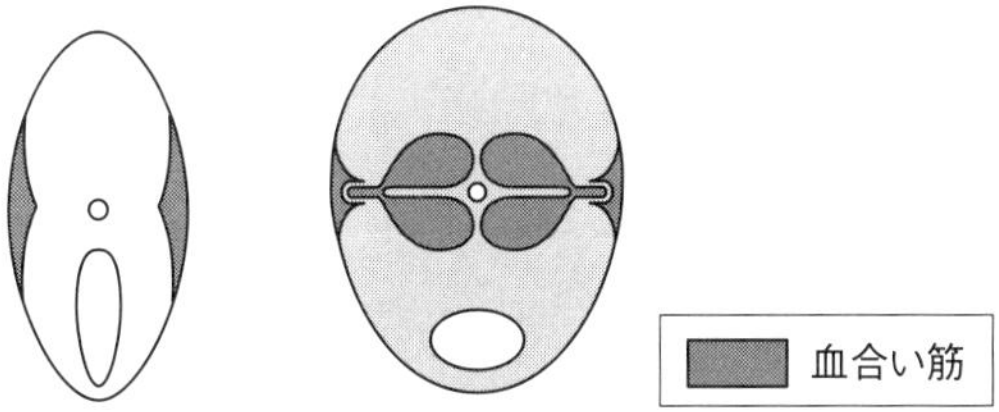

白身魚　　赤身魚

図4-5　**赤身魚と白身魚の筋肉構造の違い**

造と筋節の結合の弱さが魚肉の繊細な食感を生み出しています。
魚類や貝類、甲殻類では共通した点が多いのですが、筋肉や器官の構造が異なるため食感も異なります。たとえば、魚種によって、コラーゲンの含有量に違いがあり、コラーゲンの多い魚はかたく、さらに貝類やイカ、タコは魚類よりコラーゲンの量が多いため、魚類よりかたいのです。魚介類を食べなれている日本人はそのような食感の違いを敏感に感じ取り、楽しんできました。

すしネタを見ると赤身の魚は厚く、白身の魚は薄く切られています。これは筋肉の組織構造の違いからです。マグロやカツオなど筋肉が赤色をしており、血合い筋の多いものを赤身の魚、ヒラメなど筋肉が白色をしており、血合い筋の少ないものを白身の魚と呼んでいます（図４－５）。血合い筋とは普通筋以外の暗赤褐色の部分を指し、普通筋に対する血合い筋の割合はイワシでは30％を超えます。肉の色は、筋肉色素ミオグロビンの量に影響されます。ミオグロビンは、運動によるエネルギー消費に備えて、酸素を筋肉中に蓄える働きをしているため、運動量の多い回遊魚は赤身魚が、あまり泳がない沿岸魚や底生魚は白身魚が多いです。化学的にはミオグロビンが筋肉に赤身を与えるほど含まれれば赤身の魚、少なければ白身の魚になります。そのため、赤身の程度は魚種によって、濃い赤色のものから薄いものまでさまざまです。ただし、サケやマスの筋肉の赤い色は、ミオグロビンではなくアスタキサンチンという色素によるものなので、赤身魚には分類されません。

マグロなど赤身の魚はやわらかく、フグやヒラメなど白身の魚はかたいですよね。赤身魚がやわらかいのは脂肪が多く、筋原線維が多いため。そこで、マグロは厚く切って、ねっとりしたうま味やぷりぷりした弾力を味わいます。薄く切れば、歯ごたえがなくておいしさは感じられないでしょう。一方、白身の魚がかたいのは筋膜が厚く、コラーゲンが多いため。そこで、ヒラメなどでは薄く切って食べやすくし、その食感を楽しみます。ただし、白身でもタイはコラーゲンが少ないため、薄造りではなく皮を残して厚く切ります。

イカの独特の食感は、魚肉と異なり、斜紋筋と呼ばれる複雑に線維が重なった独特な筋肉構造から生まれます（図4－6）。スルメイカなどのイカの胴体は、4層に重なる薄くて強靱な表皮、体軸に対して横方向の線維が走る筋肉、縦方向に線維が向いた内皮からなります。イカが横方向に裂けやすいのは、筋肉の線維が横方向に走っているから。また、イカを皮付きのまま加熱すると、体軸にまきつくように縮むのは、皮と肉の線維の方向が異なり、収縮率が異なるためで

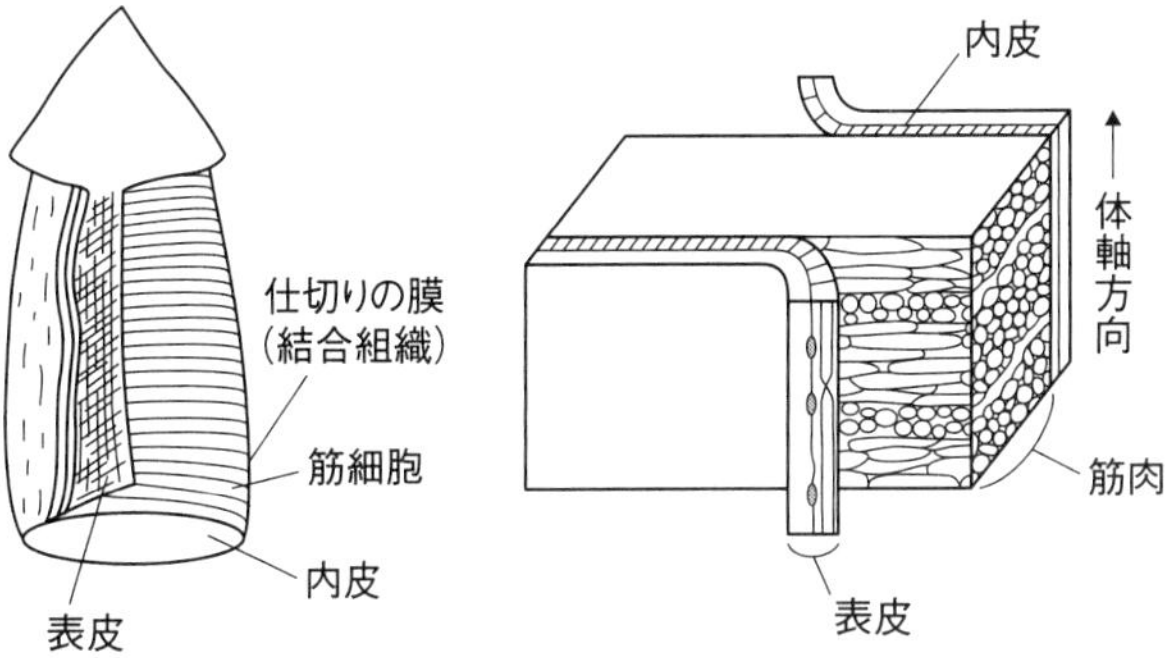

図4-6　**イカの筋肉構造**

す。

　下処理でイカの皮をむきますが、むけるのは表皮の２層目までで、３層目は三次元網目状、４層目は体軸に対して縦方向に線維が向いています。４層目はかたいコラーゲンからなり、筋肉と強くくっついているので、表面に切り目を入れたり、斜めにそぐように切ったりして食べやすくします。また、２方向から切れ目を入れると加熱したときに丸まりません。

　白身の魚の特徴をもう一つあげておきましょう。それは、しこしこした弾力のあるかまぼこを作るのに向いているということです。この弾力を業界用語で「足」といい、かまぼこの品質を決める重要な要素です。かまぼこには多くの種類がありますが、どれも基本的には、(1)魚から肉を採り、(2)食塩を加えて練り、(3)成型し、(4)加熱する、という４工程からなります。足を作るには、食塩と加熱が不可欠で、食塩によって、魚肉の筋原線維を作るタンパク質が溶け出てきます。練ったあとに少しおいておくと、溶け出たタンパク質が絡み合います。さらに、加熱すると分子間に結合ができ、網目状の構造になって固まり足が生まれます。

魚種によって、足の強さが異なり、「ぐち」や「えそ」などの白身の魚は足が強く、「いわし」や「かつお」などの赤身の魚は足が弱いのです。その理由は、魚種によって足を作る筋原線維タンパク質の量が違うからだと考えられています。

水産食品の中で何より歯ざわりが楽しめるのは貝類です。貝類のおいしさは、歯応えのある食感、また噛みしめたときの甘味や磯の香りにあります。日本人は古くからアワビやアカガイなどの貝類をすしの材料として味わってきました。他にもすしネタにされる貝の種類は多く、トリガイ、アオヤギ（バカガイ）、ホタテガイなどがよく使われています。一般的に貝類は生で使われますが、貝類はコラーゲンが多くかたいので、食材によって煮たり、蒸したりと調理して使われます。また、貝類は、エネルギー源として脂質ではなくグリコーゲンを蓄積します。グリコーゲン自体に味はありませんが、貝類の味にコクやまろやかさを与えています。

生のアワビはコリコリとした食感が特徴的です。〝コリコリ〟感の理由はコラーゲンが多いことに関係があります。筋原線維や筋膜は短いほうが食べやすくなるのですが、すし職人は筋原線維の方向に対してわざと斜めに貝を切ります。すると、筋原線維の短い部分と長い部分ができて食感に変化が出るのです。職人によっては、わざと表面をギザギザに切って、しょうゆが付きすぎないようにして貝のおいしさを味わってもらうなど工夫しています。

オレンジ色の「アカガイ」は、独特の甘味や苦味が魅力で、ぷりっとした食感を楽しめます。アカガイの表面に切り込みが入れてあるのは、コラーゲン繊維を切って食べやすくするためです。さらに、包丁の平たいところで貝を叩くと、切れ目が反り返ります。アカガイは目でも楽しめる逸品なのです。

表面が黒い色の「トリガイ」はかたいので通常はボイルして食べます。加熱すると、コラーゲンが変性して、口に入れたとき嚙み切りやすくなります。1年を通して食べられる貝ですが、旬の夏だけは生で食べます。かたくてコリコリとしていますが、貝の持つアミノ酸に由来する甘味が感じられ、通が好みます。生のトリガイの黒い色は夏の風物詩としても楽しまれています。

シャリやノリも使い分け

こうした工夫は、ネタばかりでなくシャリ（酢飯）やノリにも見られます。シャリは、新米では水分が多いので、わざと米を寝かせて古米にしておきます。そして、水分の少ない古米に新米を混ぜて、好みのかたさにしています。

ノリのかたさや色は、産地や季節で変わります。そこで、すし職人は巻きずし用、軍艦巻き用など、ノリを使い分けています。ノリをさっとあぶるのは、色が鮮やかになるため。色素物質の赤色のフィコエリスリンと青色のフィコシアニンはタンパク質に結合していますが、加熱すると変性してタンパク質から離れて退色します。すると、緑色のクロロフィルや黄色いカロテンの色が浮き出て鮮やかな緑色になります。また、熱でノリの構造がゆるんで食べやすく、ノリ本来の甘味や香りが出やすくなります。

魚介類ばかりでなく、シャリのかたさやノリの歯切れも加わり、私たちは無意識のうちに、すしでさまざまな食感の違いを楽しんでいたことに気付かされます。

握りずしの工夫はもともと、腐りやすい魚を腐りにくくするために編み出されたものでしたが、徐々に、それが魚をよりおいしく食べるための技へと進化していったのです。

海藻の色

日本人は古くから海藻を食べてきており、海藻の加工食品もたくさんあります。近年では、食物繊維やミネラルが豊富なことから健康食としても人気が高いのですが、実は世界で海藻を食べる民族は少ないのです。海藻サラダや酢の物などでは海藻の鮮やかな色が目を楽しませてくれます。海藻は色調によって、昆布やわかめなどの褐藻類、あまのりやてんぐさなどの紅藻類、水前寺のりなどの藍藻類、あおさやあおのりなどの緑藻類に分類されます。

昆布やわかめなどの褐藻類が褐色をしているのは、緑色のクロロフィルと赤色のフコキサンチンがともに含まれているからです。クロロフィルは葉緑素ともいい、植物の葉緑体に含まれる緑色の色素で、タンパク質と結合して光合成を行っています。フコキサンチンはカロテノイド色素の一種です。カロテノイド色素は動植物に広く分布する黄色や橙色、赤色の脂溶性色素です。ニンジンのオレンジ色やトマトの赤色、サケの赤色、卵黄の黄色もみんなカロテノイド色素によるものです。わかめや昆布を加熱すると緑色になるのもノリをあぶったときと同様に、かくれていたクロロフィルの色が現れるためです。クロロフィルは弱アルカリ性では安定ですが、酸性では不安定で、また体内の酵素のはたらきで容易に褐色に変わってしまいます。

鳴門わかめとして有名な「灰干しわかめ」は、灰の性質をうまく利用して変色を防いでいます。

わかめにシダやススキ、わらなどの草木灰をまぶしたのち天日干しをして、そのまま袋詰めしたものと、灰を洗い落としてからさらに丁寧に調製し、糸状にしたものがあります。わかめをそのまま干せば褐色になり、軟らかくなってしまいますが、アルカリ性の灰をまぶしたおかげで緑色が鮮やかに保たれ、歯応えも香りもよくなります。しかも、常温で1年以上も風味を保つことができます。

まぶした灰は、わかめの水分を素早く吸収するだけでなく、空気や紫外線を遮断するので、わかめの色素の成分などの変化を防ぎます。灰のアルカリ性がわかめの酵素の働きを抑えるため軟化や色素の分解を抑え、さらに色素を鮮やかな緑色に変化させるためだといわれています。

アワビの歯応えの秘密

食品を食べたときの口ざわりや歯応えなどはおいしさの重要な要素で、テクスチャーあるいは食感などと呼ばれます。口ざわりは食品を口に入れたとき、食品がどのように変形するか、流動するかという物理的な現象が関係しています。また歯ざわりは、食品を噛んだとき、歯で感じるかたさでこれも物理的に解明することができます。食品のかたさや粘性、弾性などの力学的特性を測定して食品の物性を解明する分野をレオロジーといいます。このレオロジーと人間の感覚による試験である官能検査を使うと、食品の物性とおいしさの関わりを探ることができます。東京海洋大学名誉教授の小川廣男は魚類や海藻など水産食品のレオロジーを研究しており、アワビの歯応えのしくみを分析しました。

高級食材として知られるアワビはすしネタとしても人気があります。コリコリした歯ざわりが特徴で刺身や酒蒸し、ステーキなどでも調理されます。中華料理では干しアワビとして使われるほか、世界各地で食べられています。日本人は生で食べることが多く、この歯ざわりを楽しみます。たとえば、「水貝」という調理法では、アワビを塩でもんでわざとかたくしてから角切りにして食べます。一方、海外では加熱して食べています。加熱すると驚くほどやわらかくなり、味わいも変わります。

アワビがかたいのはコラーゲンが多く含まれるからです。アワビの筋肉には10％前後、部位によっては20％以上もコラーゲンが含まれます。そのため生ではコリコリしていますが、火を通すとコラーゲンがゼラチンに変わってやわらかくなるのです。

そのしくみを少し説明しましょう。コラーゲンは哺乳動物の結合組織、腱、皮膚などに含まれるタンパク質で、体内のタンパク質の４分の１を占めるといわれるほどたくさん存在しています。コラーゲンは不溶性ですが、長時間加熱すると変性して水溶性のゼラチンに変わります。コラーゲンは３本のタンパク質の鎖が規則正しく絡み合った構造ですが、加熱するとらせんがほどけてバラバラのゼラチンの分子になります。これを冷やしてももとの構造に戻ることはなく、ゼラチン分子が不規則に絡み合ってゼリー状に固まります。

牛肉を長く煮るとやわらかくなるのも、コラーゲンがゼラチン化するためです。魚の煮汁が固まって煮こごりができるのもゼラチンによるものです。蒸しアワビもアワビを１～２時間ほど蒸して作りますが、その間にコラーゲンがゼラチンに変わるのです。

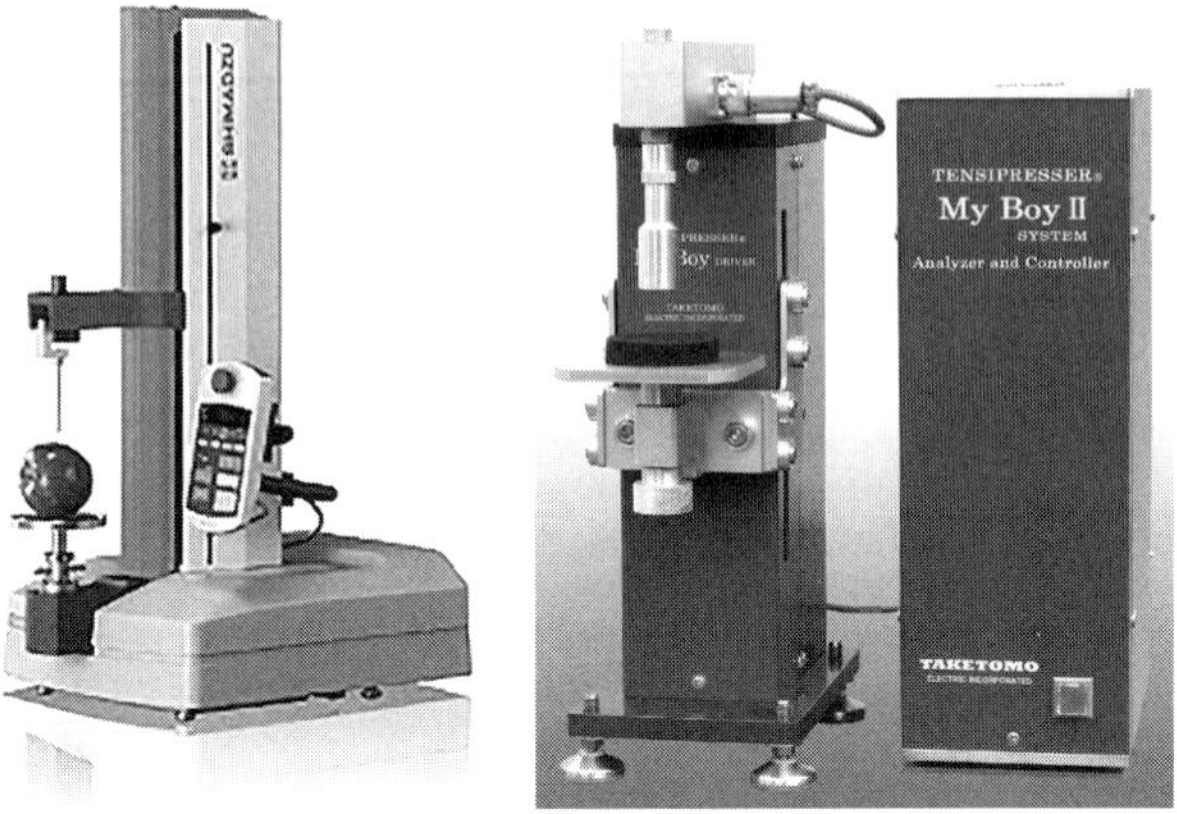

図4-7　**食品のかたさや咀嚼性を分析する機器**
食品を咀嚼するときに感じる食感を、解明するために開発された装置。
（写真提供　左：島津製作所　右：タケモト電機）

小川らはアワビの食感の変化を詳しく解析しました。このような食感の変化は分析機器（図４－７）を用いて、食品の物理的、化学的物性を測定して調べます。この機器は食品を口の中で咀嚼《そしゃく》するときに感じる食感を解明するために開発された装置で、ヒトのあごのように上下運動するプランジャーと固定されたプレートが一対になっています。食品をプレートにのせ、プランジャーの上下運動により食品を押したり、引っ張り上げたりして、プランジャーにかかる抵抗力を経時的に記録すると食品のかたさや粘り、そのバランスなどを算出することができるのです。他にも粘りや弾力性から食感を測定する分析技術があり、あわせて解析を行いました。

電子レンジで時間を変えて加熱すると、ある条件下では20秒で一番やわらかく、加熱しすぎるとまたかたくなることがわかりました。また、一番やわらかいときのかたさを表す数値は生の5分の1近くなることが明らかになり、食感の大きな変化を示していました。さらに詳細な結果から、食感の変化は組織の構造や水分の移動が大きく関わっていることがわかったのです。

米のおいしさ

味がないからおいしい

主食である米は、日本人の食生活に欠かせません。炊きたての白く輝くご飯を口にするとき、幸せを感じるという人もたくさんいることでしょう。近頃、店頭には「コシヒカリ」などたくさんのブランド米が並んでおり、ブランドにこだわって米を購入する人が増えています。おいしいご飯の幸福感の秘密はどんなところにあるのでしょうか。

稲の栽培の歴史は古く、日本では、今から約3000年前の縄文時代の終わりごろにすでに稲の栽培が始まっていたと考えられています。これは、日本人は3000年以上もの間、米を食べ続けてきたことを意味します。こんなに長い間、米を食べてきたのは、米にエネルギー源となるデンプンがたくさん含まれているからですが、理由はそれだけではありません。

米の魅力は、魚でも野菜でもどんなおかずにも合うこと、そして食べ飽きないことにあります。これは、ご飯の味が非常に淡白なことによるものです。ご飯を口に入れただけではほとんど味はせず、噛みしめるとかすかな甘味やうま味を感じます。また、いくら噛んでも味は変わりません。

さらにご飯を中心にした和食は栄養バランスがよいことが知られています。和食はご飯を中心に汁物、おかずが3品の「一汁三菜」が基本のスタイルです。ご飯はさまざまな主菜や副菜と相性がよいので、肉や魚、野菜や豆類などをバランスよく取り入れることができます。また、おかずを食べた後、ご飯を食べると、ご飯の淡白な味により、次のおかずをまたおいしく食べることができます。

一般的に食べ物のおいしさの要因には味や香りがあげられますが、もし、米の味や香りの個性が強すぎたとすれば、おかずを引き立てることができないでしょうし、すぐに飽きられてしまうにちがいありません。そのため、米のおいしさには粘りやかたさなどの物性が大きく関与しています。

おいしい米は、主成分である水分、デンプン、タンパク質、ミネラルがバランスよく含まれています。炊きあがったとき、白くてつやがあり、粒の形がよいものは、第一印象がよく、一層おいしさを感じます。さらに、口に入れたときほんのりとした甘味と香りがあり、ふっくらとやわらかく、粘りと適度なかたさがある米が好まれています。おいしさはこれらの要素がお互いに結びついたものです。

ご飯の粘りとかたさのバランスを左右するのがデンプンを構成するアミロースとアミロペクチンの比率です。デンプンはブドウ糖が長くつながった構造をしていますが、そのうちアミロースは直鎖状に連なった分子で、アミロペクチンは枝分かれの多い分子です（図４－８）。アミロペクチンの多い米は粘りがあり、冷めてもパサパサになりにくい、一方、アミロースの多い米はかたく、パサパサしています。

また、タンパク質の量もご飯のおいしさに関わっています。量が少ないほど米はやわらかくなり、多くなるほど食味が低下するといわれています。米粒の成分は均等に分布しているのではなく、中心部にデンプンが集まり、外側に脂質やタンパク質、ミネラルが集まっています。この表面にプロラミンというタンパク質が多く集まると、表面の粘りが弱くなり、白さやつやも落ちます。

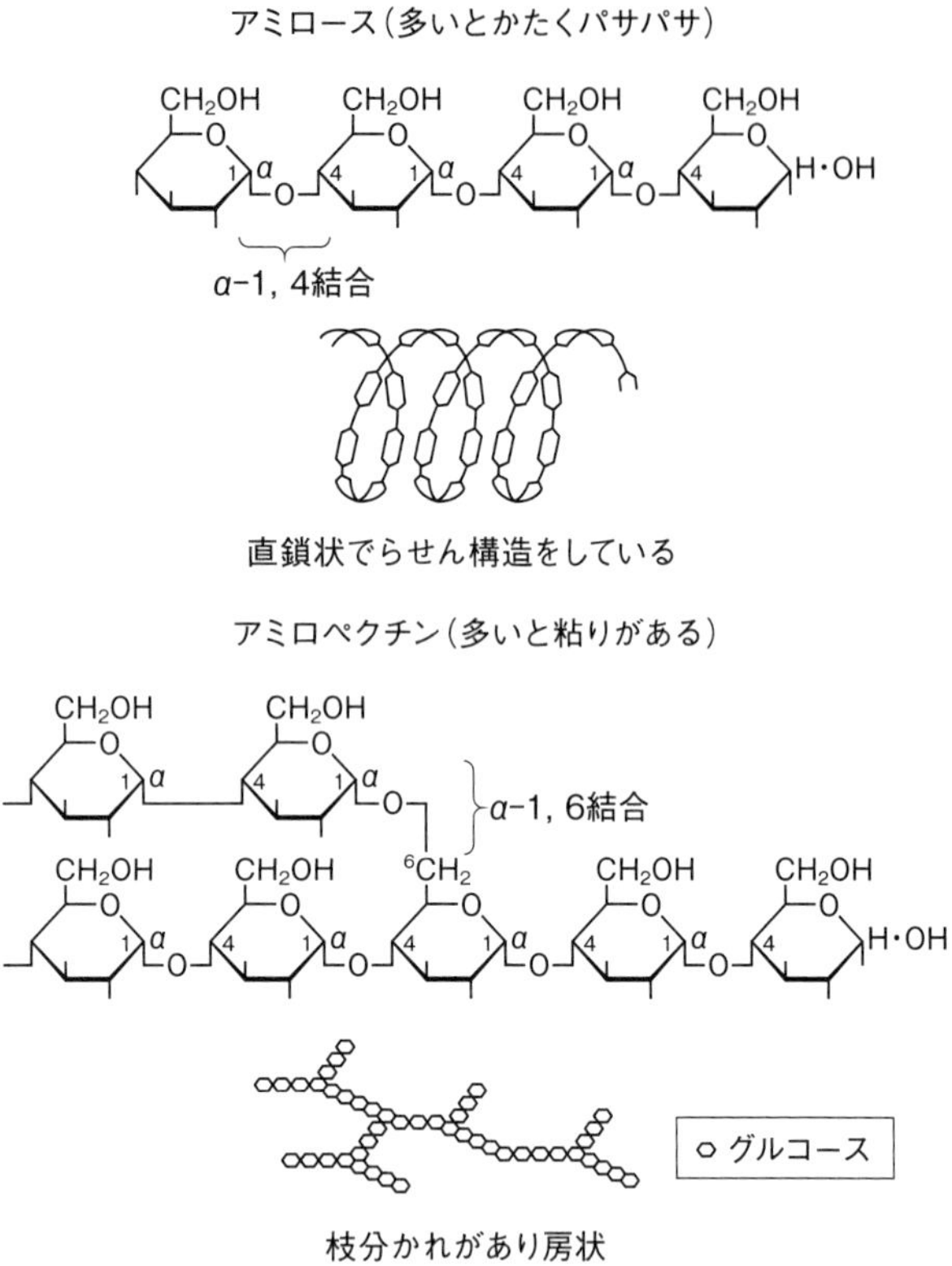

図4-8　**アミロースとアミロペクチンの構造**

高温で日射量が多い条件で稲が育つとアミロースの含有量が低くなり、粘りのある米ができます。また、実がなるころに肥料をやりすぎると表面にタンパク質がたまることが知られています。このように食味と栽培方法や気候の関わりが明らかにされており、おいしい米を作るために、田植えの時期や肥料の与え方など栽培の仕方が工夫されています。

粘り気が米の特性を決める

私たちが普段白いご飯として食べているのはうるち米です。お赤飯やおもちに使われているのはもち米で、うるち米より粒が白く、ねばねばしているのが特徴です。これらの米の違いはアミロースやアミロペクチンの含量によります（図４－９）。日本のうるち米のデンプンはアミロースを16～20％、アミロペクチンを80～84％含んでいます。一方、粘りの強いもち米のデンプンには、アミロースが含まれずアミロペクチンだけでできています。

アミロース含有量が低いほど、相対的にアミロペクチン含有量が高くなり、粘りが強くなります。そのため、アミロース含有量が粘りなど米の特性の重要な指標となっています。日本人に最も好まれている米はアミロースが17％前後の比較的粘りの強いもので、「コシヒカリ」が該当します。品種改良はさかんに行われており、ほかにも粘りの強い銘柄米がたくさん開発されて、人

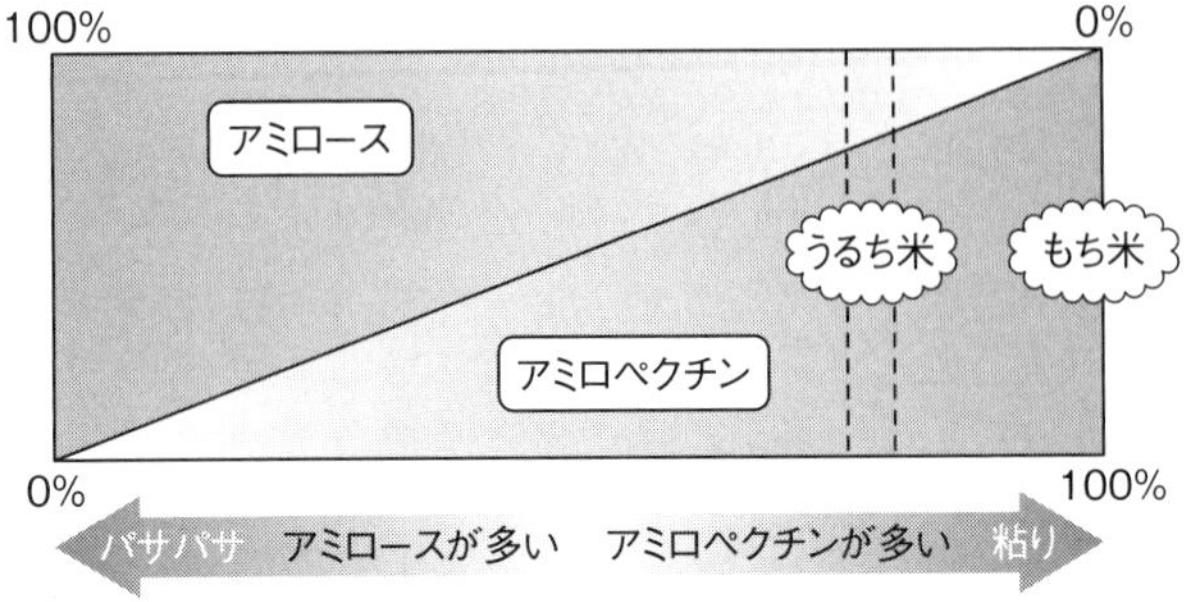

図4-9　アミロースとアミロペクチンの比率
アミロペクチンの含量が多いほど粘りを感じ、アミロースが多いほどパサパサに感じる。

気が高まっています。

さらに、アミロースの含有量を変化させて、加工性を向上させた米が開発されています。「ミルキークイーン」や「スノーパール」は、コシヒカリなどよりもさらに粘りが強い米です。これは、うるち米に突然変異を起こさせて、アミロースの含量を5〜15％まで低くしたもので、「うるち米」でも「もち米」でもない「新形質米」として分類されています。強い粘りは、団子など米菓の原料に向いており、また、冷めてもパサパサになりにくいので、弁当やおにぎりなどの外食用に適しています。

一方で「ホシユタカ」「夢十色」など、アミロースの含量が20％以上の高アミロース米も開発されています。粘りはなく、ピラフやリゾットなどの米料理に向いていますが、試験用にわずかにしか栽培されていませんが、栽培しやすく、収量が高いという利点もあるので、新たな利用法が考えられています。

そのほか、用途に応じてアセチルピロリン類の香りの強い「香り米」や、アントシアニン系の色素を含む「色米」、米アレルギーの人向けの「低アレルゲン米」、腎臓疾患患者向けの「低タンパク米」などが開発されています。

海外でご飯を食べると、日本のご飯に比べてパサパサしているように感じるのも、アミロースの含量の違いです。世界のうるち米のアミロース含量は35〜15％と幅があり、粘りを好む日本人は品種改良を重ね、アミロース含量の低い米を食べています。

私たちが普段食べている米は短い粒のジャポニカ米といいます。海外で食べられているのは、細長い粒のインディカ米が多く、タイ米などと呼ばれる、粘りの少ない米です。ジャポニカ米のデンプンには16〜20％のアミロースが含まれているのに対し、インディカ米のデンプンは22〜28％ほどのアミロースが含まれています。そのため粘りが少なく、日本人にはあまり好まれませんが、カレーやピラフに合うため、東南アジアなどでは好んで食べられています。

アミロースの含量は、イネの、ある遺伝子によって決まることが知られています。それは、第6染色体にあるワキシー遺伝子というものです。この遺伝子からアミロースを合成する酵素が作られます。ジャポニカ米とインディカ米では、この遺伝子に関係する働きが変わってくるため、アミロースの含量に差が出ます。一方、もち米は、このワキシー遺伝子が完全に機能を失ってしまうような遺伝子構造になっているので、アミロースを合成できないのです。

ワキシー遺伝子は温度の影響を受けやすく、栽培に適した気温より高温だったり、低温だったりするとその働きが強くなるという性質があります。このような遺伝子の働きの複雑さが、米の品質の違いと遺伝的要因の関わりの解明を難しくしています。おいしさに関わる要因はこれだけではありませんが、近年の遺伝子工学の著しい進歩によって米のおいしさの遺伝的要因が解き明かされつつあります。

冷めたご飯がおいしくないのは

米は生のままではかたくて食べることができないし、消化もされにくいので炊いて食べます。炊いたご飯も、冷めるとかたくなります。このようなご飯のかたさの変化もデンプンによるものです。

アミロースとアミロペクチンを主成分とするデンプンは、米粒の中では非常に密な結晶構造をしています。そのため、生の状態ではデンプンはとても消化されにくい物質です。この生のデンプンに水を加えて加熱すると、水分子が結晶構造のすきまに入り込みます。すると、構造がゆるみ、膨潤してやわらかく、消化しやすくなります。この状態をデンプンの糊化（α化）といいま

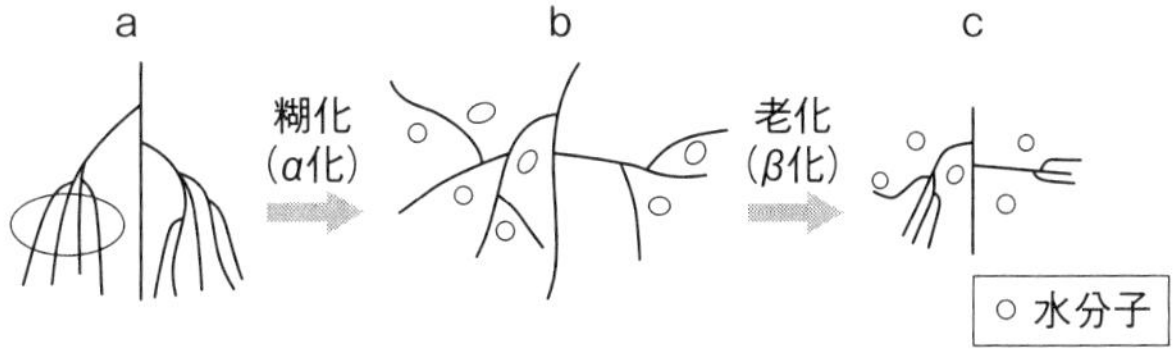

図4-10　でんぷんの糊化（α化）と老化（β化）

す（図４－10）。米を食べるときに炊くのは、デンプンを糊化させるためなのです。さらに加熱するとデンプンの分子は崩れて多量の水と水和します。この状態がおかゆやデンプン糊です。糊化する温度は、うるち米では60℃くらいです。

冷めたご飯がかたく、ボソボソになるのは、糊化したデンプンから水が分離し、部分的に密な結晶構造になるからです。これをデンプンの老化（β化）といいます。炊飯器の保温機能はご飯を糊化温度にしておくことで、デンプンの糊化した状態を維持しています。また、デンプンの老化を防ぐにはデンプンを高温のまま乾燥させるか、急速に冷凍します。せんべいや冷凍ご飯がその例です。せんべいがパリッとしているのはデンプンが糊化しているからですし、冷凍ご飯も解凍するとふっくらします。

デンプンの老化は、アミロースが多く含まれているほうが起こりやすいことがわかっています。そのため、アミロース含量の低い米が冷めてもかたくなりにくいのです。先に述べた「ミルキークイーン」や「スノーパール」などの新形質米が粘りが強く、お弁当などに向いているのはそのためです。また、最近出回っているお米はアミロース含量の低いものが多いので、冷めてもかたくなりにくくおにぎりやお弁当でもおいしく食べられます。

野菜のおいしさ

野菜独特の味・香り・食感

野菜は食卓に彩りや風味を添え、私たちの食生活を豊かにしてくれます。また、歯切れのよい食感が楽しめるとともにビタミンや食物繊維の供給源としても重要です。近年は、栽培技術や流通の進歩により、野菜の種類は増え、いろいろな野菜が一年じゅう出回っています。このような野菜の独特の食感や彩りはどこから来るのでしょうか。

野菜の魅力といえばみずみずしさ。野菜には水分が80〜90%も含まれており、ほとんどが水です。そしてこの水分の多さが、トマトのつやつやしたハリ、レタスのシャキシャキやきゅうりのパリパリとした歯ざわりを生み出します。このような野菜のみずみずしさを私たちは楽しんでいます。サラダを作るとき、レタスなどの野菜を真水につけると、シャキッ、パリッとするのは浸透圧の働きによるものです。植物組織の浸透圧は濃度が０・８５％の食塩水と同じくらいなので、真水などの野菜の浸透圧より低い溶液に生野菜を漬けると細胞内に水が浸入します。すると、細胞がパンパンにふくらんで、つまり圧力が上昇してパリッとするのです。

漬け物やあえ物では、野菜を塩水や調味液につけます。このような野菜の浸透圧より高い溶液につけるとこんどは脱水し、細胞膜が細胞壁から離れる原形質分離が起こります。その結果、野菜はしんなりし、細胞壁と細胞膜の間に調味液が入りこみます。これが漬け物やあえ物などで野菜に味がしみる原理です。

また、ゆでたり、焼いたりと野菜を加熱するとやわらかくなって食べやすくなります。これは細胞壁にあるペクチンが分解して可溶化し、細胞間の接着が弱まるためだと考えられています。ペクチンは食物繊維の一種で、細胞壁でセルロースとともに細胞をつなぎ合わせる役目をしています。

野菜には健康によいというイメージもあります。水以外の成分を見てみると、タンパク質や脂質は少ないのですが、カリウムやカルシウムなどの無機質、ビタミンや食物繊維など健康によい機能性成分が豊富です。健康にいいとわかっていても野菜が苦手な人は多く、特に子供は野菜嫌いが多いです。近ごろの嗜好調査によれば、嫌いな野菜の上位に苦味のあるゴーヤや香りの強いセロリがあがっています。かつて嫌いな野菜の常連だったピーマンは、近ごろでは品種改良が進んで食べやすくなったため、上位から消えつつあります。一般的に野菜の風味は淡白ですが、苦味やえぐみ、さらに青臭さを感じることがあります。この野菜独特の苦味や青臭さのために、野菜が苦手になるようです。この苦味の原因は植物がもつポリフェノールです。ポリフェノールはほとんどの植物が持つ成分で、数千種類もあり、色素や渋味、苦味などの成分になります。お茶の渋味成分であるタンニンもポリフェノールの仲間です。

野菜の種類によってはアクの多い成分や有害成分を多く含むものがあります。そのため調理する前に切って水にさらしたり、ゆでたりします。たとえば、ホウレン草はアクが強いので、生ではたべません。このアクの成分はシュウ酸ですが、水溶性なのでゆでることで取り除くことができます。ただ、最近では品種改良されたアクの少ないサラダ用ホウレン草も出回っています。

タケノコのアクやえぐみの成分は、シュウ酸やホモゲンチジン酸、タンニン類などです。ホモゲンチジン酸はタケノコに含まれるチロシンというアミノ酸が酵素によって反応してできます。掘りたてのタケノコがアクが少なくて食べやすいのはこの反応がまだ進んでいないからです。タケノコをゆでるとき糠を加えるのは、これらのえぐみ成分を糠に吸着させるためです。昔の人の知恵ですね。

さておでんにブリ大根にと重宝な大根は、大根おろしにしてもよく食べられます。大根おろしの辛さが好きという人もいれば、あの辛さが苦手という人もいます。考えてみると、煮た大根は辛くないのにおろした大根は辛い。これはなぜなのでしょう。大根の辛み成分であるアリルイソチオシアネートは、大根そのものには含まれておらず、実は大根をそのまま食べてもあまり辛くありません。大根の組織に含まれているグルコシレートが、酵素の作用によってこの辛味成分に変化するから、辛味が生じるのです。すりおろすと大根の組織が壊れて酵素や成分がしみ出て反応しやすくなります。ワサビやカラシも同様にすりおろすと同じ辛み成分ができ、辛味を生じます。今ではあまり見かけませんが、ワサビはサメの皮でおろしていました。サメの皮はサメ肌というようにザラザラしていますが、おろし金などに比べればとてもきめが細かいので、ワサビを細かくおろすことができます。すると辛味も香りも強くなります。

きゅうりなど緑色野菜の青臭さは青葉アルコールや青葉アルデヒドという成分に由来します。これらは、芝生を刈ったときやお茶の缶を開けたときに感じる緑の香りの成分です。葉が傷つけられると、組織中に含まれる脂質が酵素で分解され、におい成分ができます。また、玉ネギを刻むと涙が出るのは、刻んだときに玉ネギの組織が壊れて反応が起こり、揮発性の硫化アリルができるためです。ニンニク、ニラ、ネギなどもこの反応です。よく切れる包丁ならば、組織をあまり壊さないので涙は出にくくなります。

野菜独特の味や香りは、組織中の成分が化学反応をすることで生じる場合が多いのです。

おいしさを左右する鮮やかな色

野菜の緑や赤、黄色といった鮮やかな色は、野菜の魅力の要因でもあります。野菜の代表的な色素は緑色のクロロフィル、赤から黄色のカロテノイド、淡黄色のフラボノイド、赤や紫、青色のアントシアニンがあります（表4-1）。

ホウレン草や小松菜、ブロッコリーなどの緑黄色野菜の緑色はクロロフィルという葉緑体に含まれる色素によるもので、光合成色素としても知られています（95ページ参照）。ホウレン草の鮮やかな緑色も、加熱したり傷んだりすると黄色くなります。これでは食欲をそそりません。どうして色が変化するかというと、クロロフィルの構造の変化によります。クロロフィルは図4-11のように環状の構造に長い側鎖がついた構造をしています。この環状構造の中央にあるマグネシウムイオンは緑色を維持するのに重要な役割をしています。植物の体内ではクロロフィルはリポタンパク質と結合しているので構造は比較的安定なのですが、野菜を加熱するとタンパク質が変性してマグネシウムイオンが脱落し、黄褐色になります。野菜を長時間加熱すると色が変わるのはこのためです。

また、植物組織が傷むと、酵素により鎖状構造の部分を脱離します。さらに酸性化でマグネシ

		色素	主な色素名	所在食品
脂溶性		クロロフィル（青緑～黄緑色）	クロロフィルａ	日光を受けて育った葉の緑色部に多い
			クロロフィルｂ	緑黄色野菜
	カロテノイド系	カロテン類（橙赤色）	α－カロテン	ニンジン、茶葉、柑橘類
			β－カロテン	緑茶、ニンジン、トウガラシ、柑橘類
			γ－カロテン	ニンジン、あんず、柑橘類
			リコピン	トマト、スイカ、かき
		キサントフィル類（黄～赤色）	ルテイン	緑葉、オレンジ
			クリプトキサンチン	ぽんかん、トウモロコシ
				トマト、スイカ、かき
			カプサンチン	トウガラシ
			クロセチン	くちなし、サフラン
水溶性		フラボノイド系（無・黄色）	ケルセチン	玉ネギの黄褐色の皮
			ルチン	そば、トマト
			ナリンギン	なつみかんの皮、グレープフルーツ
		アントシアニン系（赤・青・紫色）	ナスニン	ナス
			シソニン	赤じそ
			オエニン	赤ブドウの皮
			フラガリン	イチゴ

表4-1　野菜類・果実類に含まれる主な色素

ウムイオンを脱離し、褐色になります（図４－11）。傷んだ野菜の色が変わるのはこのためです。一方、マグネシウムイオンを銅イオンや鉄イオンに置き換えると、緑色が安定になります。マグネシウムイオンを置き換えた銅クロロフィルや鉄クロロフィルは食品添加物として、グリンピースの缶詰やチューイングガムなどに使われています。

　ホウレン草やブロッコリーの緑色は煮すぎると退色してしまうのに対し、ニンジンのオレンジ色やトマトの赤は加熱しても

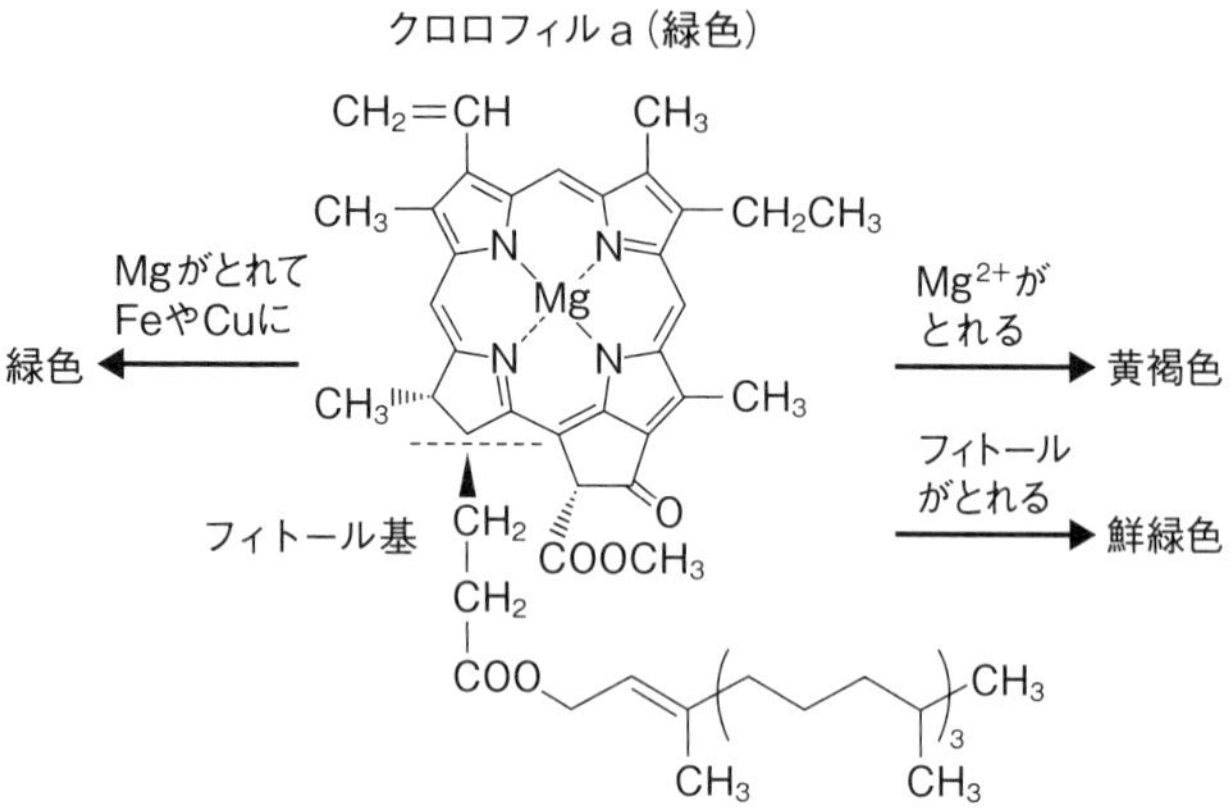

図4-11　**クロロフィルの構造と色の変化**

鮮やかなままです。これは、その色の色素であるカロテノイドが熱に強いためです。

　アントシアニンはポリフェノールの一種で、ナスや紫キャベツ、イチゴやブドウなどの赤や紫の色素です。酸性で赤色、中性で紫色、アルカリ性で青色を示します。紫キャベツやミョウガ、ショウガを酢につけると赤色になるのはそのためです。また、アントシアニンは鉄やアルミニウムなどの金属イオンと錯体を作ると色が安定します。ナスの糠漬けに釘やミョウバンを入れるのはそのためです。

OISHI 野菜や果物の変色を防ぐには

　おいしさは、味はもちろんのことですが、最初に目に飛び込んでくる印象も重要です。野菜のせっかくの色も変色していたらなんだかおいしさが薄れそうです。野菜の色の変色を防ぐ方法を探ってみましょう。

ナスのように皮をむいたり、刻んだりすると変色してしまう野菜はたくさんあります。これは植物の体内にある酵素の作用によるものです。皮をむいたり刻んだりすることで酸素にふれやすくなるとともに、組織が壊れて酵素と作用しやすくなります。

皮をむくと茶色くなるといえば、リンゴやモモなどの果物が思い浮かぶと思います。皮をむいたゴボウやレンコンなどの野菜が茶色になるのも、リンゴと同様で組織に含まれているポリフェノール化合物が酵素の作用により酸化されて褐色物質ができてしまうからです。皮をむいたジャガイモや刻んだ生のマッシュルームでは、黒くなります。こちらはチロシンというアミノ酸が酵素によって酸化され、メラニン様物質ができるからです。このように酵素の働きで変色することを酵素的褐変と呼んで、メイラード反応による褐変と区別しています。

野菜や果物が変色しないようにするには、酵素が働かないようにすればよいのです。たとえば、変色しないように皮をむいたリンゴを食塩水につけておくことはよく知られています。これは、食塩が酵素の働きを阻害するからです。

冷凍のミックスベジタブルは、解凍してもグリンピースやトウモロコシの色が鮮やかです。冷凍するときには前処理工程で、湯通ししたり、蒸気を当てたりします。ほんの一瞬ですが、90℃以上に加熱することで野菜の酵素が不活化し、色を保つことができます。この前処理工程をブランチングといい、アスパラガスや枝豆、ホウレン草、イモ類、コーンなどの野菜の加工で行われています。

クエン酸や酢酸などの酸を加えると変色を防ぐことができます。ポリフェノールを酸化させる酵素がよく働くpHが4・2〜5・8なので、酸を加えてpHを3以下に下げると酵素の働きが弱くなるためです。

酸化防止剤を加えることもあります。酸化防止剤としてよく使われるのはアスコルビン酸（ビタミンC）や亜硫酸塩です。これらは、自身が酸化するため、野菜の酸化を抑え、褐変を防いでいます。アスコルビン酸はリンゴジュースなどの果汁に、亜硫酸塩はかんぴょうの褐変防止に使われます。

変色防止のためによく使われるレモン果汁には、クエン酸もアスコルビン酸も含まれています。

変色すると見栄えが悪いので、酵素的褐変は食品ではあまり好ましくない現象ですが、紅茶やウーロン茶では褐変を利用しています。紅茶はわざと湿気の多い暖かいところに茶葉をおき、酵素を十分に作用させて褐色にします。一方、緑茶が緑色なのは、茶葉を蒸気で熱して、酵素の作用を止めているからです。

次々生まれる新品種

私たちが食べている野菜や果物は先人たちが長い年月をかけて、よい性質を持つ植物を選抜したり、掛け合わせたりしてできたものです。そのため、原種である野生種からずいぶん姿を変えています。農耕が始まったのは約１万年前と考えられています。人々はそれまで自生していた植物や果実を収穫していましたが、その中から栽培しやすく、安定的に収穫できる、またおいしい系統を選抜し、栽培できるようにしてきました。たとえば、キャベツの祖先は古代ギリシャに自生していたアブラナ科のカラシナの野生種といわれます。現在のケールに近い植物で、これを改良してさまざまな野菜を作り出してきました。キャベツはケールの葉を大きく、丸まるようにしたもの、一方花のつぼみを食べるように改良したものがカリフラワーやブロッコリーです。これらの姿はかなり違うのですが、みな同じ種なのです。

１００年ほど前に、交雑させると異なる形質を持つ子孫を得られることやその形質が規則的に伝わるという「メンデルの法則」が再発見されると、これまで経験や勘に頼っていた育種から、計画的な品種改良が行われるようになりました。育種効率が飛躍的に向上し、たくさんの優れた品種を次々に育成できるようになりました。現代では遺伝子組換えや細胞融合など新しい品種改良技術が開発されていますが、今でも交配と選抜を繰り返す方法が主流です。

新品種を開発するためには、まず病気や害虫に強い、収量が高いなど目的の性質を持つ個体を探します。そのためには2つの異なる品種を交配し、雑種を作りその中から目的の形質を選抜します。目的の形質を持つ系統が見つかるとそれどうしの交配を繰り返し、目的の性質の遺伝子を持つ品種を安定化させます。これが一般的な方法ですが、新品種ができるまでは10年ほどかかります。果物は実るまで時間がかかるので野菜より長くかかります。

最近ではＤＮＡマーカー選抜が使われるようになっています。これは目的とする形質を持っているかどうかを判断するためにＤＮＡ鑑定をするというものです。個体によってＤＮＡの塩基配列には少しずつ違いがあり、この塩基配列の違いを目印（マーカー）にすると、目的の性質を持つ品種を選抜することができます。ＤＮＡマーカーを使えば、幼苗時に葉からＤＮＡを抽出するだけでよく、栽培期間も短くてすむので効率的に品種改良を進めることができます。

放射線や化学物質によって突然変異を起こさせ、有用な形質の変化が起こった個体を選抜するという方法があります。先に述べたもちもちとした食感の新形質米もこの方法でできました。また、染色体の数を多くすることで品種改良されています。倍数体といって、実を大きくしたり、種なしにしたりすることができます。種なしスイカやブドウがこの例です。

有用な遺伝子を人工的に導入し、品質を改良するのが遺伝子組換え法です。特定の遺伝子を目的の場所に導入するのは難しく、遺伝子を定着させるには時間がかかっていました。しかし、最近では「ゲノム編集」という目的の遺伝子を目的の場所に導入できる技術が開発されています。なお、日本ではほとんど遺伝子組換え植物は植えられていませんが、アメリカなどでは遺伝子組換えにより除草剤耐性などの性質を持たせた大豆やトウモロコシの栽培が主流になっています。

トマトは、好きな野菜ランキングでもトップになるほど人気のある野菜です。青果売り場では、赤や黄色の色鮮やかなトマト、糖度の高いフルーツトマトなどさまざまな種類が所狭しと並んでいます。トマトは品種改良が最も進んでいる野菜の一つで、世界では８０００を超える品種があります。

トマトは南米のアンデス山地が原産のナス科の植物で江戸時代に長崎に伝わったとされています。しかし、トマト独特の青臭い香りと酸味が嫌われ、日本人には受け入れられませんでした。大正時代に桃色で酸味の弱い「ポンテローザ」という品種が導入されると、この品種をもとに日本人の好みに合うように品種改良が進み、昭和時代になって一般の人々に普及しました。さらに、一年じゅうトマトを食べたいという要望から温室栽培が行われるようになりました。高度経済成長とともに生産地は拡大し、流通の間に果実が腐ったり、割れたりしないものが求められるようになりました。そこで１９８５年に登場したのが「桃太郎」という品種です。桃太郎は大玉で完熟し、果実がかたいために傷みにくい。そのうえ、甘味とうま味が強いことからブームになりました。いわゆるバブル期のころです。

経済が豊かになったことから、食生活も多様化し、その後も消費者のトマトに対する要望が増えるばかり。かつては大玉のトマトが好まれたのに今度は弁当用に小さいものがほしい、料理のアクセントにカラフルなものがほしいなどさまざまなニーズに応えるべく、品種改良が進みました。また、生産者はこうした消費者のニーズに応えるとともに新たな消費を呼び起こそうと次々に新しい品種やブランドを生み出しているのです。

これだけ品種が多様になると栽培種だけで品種改良をするのには限界があります。そこで、最近では野生種が見直されています。野生種にはうま味成分であるグルタミン酸が非常に多いものや葉ダニをよせつけないものなど栽培種にないユニークな性質が見つかっています。近い将来あっと驚くような性質を持つ品種が誕生する可能性があります。

高機能野菜を量産できる、管理技術

天候に左右されず、安定した生産のできる未来の農業として注目されているのが、「植物工場」です。植物工場とは温度や湿度などを管理した人工的な環境で野菜を育てる施設です。植物工場では、土を使わず、肥料を含む溶液中で植物を育てる水耕栽培を行います。

植物工場では栽培環境を管理しやすいので、それを利用して機能的な野菜が開発されています。一つは、「低カリウムレタス」で、カリウムの摂取を制限されている透析患者や腎臓病患者に向けたものです。

野菜はカリウムの量が多いので、透析患者や腎臓病患者は野菜を生で食べることはできません。煮たり、水にさらしたりしてカリウムを流出させた野菜を食べているのが現状です。この低カリウムレタスは一般的なレタスに比べてカリウムの量を80％以上カットしています。苦味も少なく、食べやすいと喜ばれています。

カリウムは植物にとっては必須な栄養素で、カリウムなしではレタスを育てることはできませんが、栽培に必要な溶液のカリウム量を少しずつナトリウムに置き換えて栽培することで開発に成功しました。

一方、植物の生理に合わせて光を照射することで効率的に野菜を栽培する方法も開発されています。栽培に使われているＬＥＤは、単色光で寿命が長いうえ、熱くならないので植物工場の照明としてはうってつけです。ＬＥＤには、波長の異なる赤、青、緑色の光があり、光の色によって植物に対する効果が異なります。赤色光は、植物の光合成を促し成長を速めます。また青色光は発芽や形態形成を促し、代謝産物の生成を促します。光合成はクロロフィル（葉緑素）が光を吸収することで行われます。クロロフィルは赤色光や青色光をよく吸収するためです。そのため、多くの植物工場では赤色と青色LEDが使われています。そのほか、光の色や強さで風味を変化させることなどが明らかになっており、企業や大学などでLEDを使った栽培法の研究が盛んに行われています。

豆類のおいしさ

世界中で食べられている豆

豆は、身近なわりには、意外に知らないことの多い食品です。

豆類は育てやすく、また乾燥すれば保存性がよいため、古くから世界中で栽培されており、食用の豆は70～80種類もあります。よく食べられているのは、小豆や緑豆などのササゲ属、インゲン豆やソラ豆、エンドウ豆、大豆などです。最近ではレンズマメやひよこ豆など海外で食べられている豆類もスーパーマーケットで見かけるようになりました。ひよこ豆はひよこの形に似ていることから名前が付いたともいわれています。ガルバンゾー、エジプト豆ともいいます。レンズマメはひら豆とも呼ばれ、凸レンズ状のものや扁平なものがあります。豆の色は緑や黄褐色ですが、皮をむくと赤や橙色になります。豆類はタンパク質や脂質、ミネラルなどの栄養分を豊富に含むので、デンプンを多く含む主食の穀物との組み合わせで、たくさん食べられてきました。

一方で豆類は、種類ごとに成分や量に違いはあるものの有毒成分を含むので、生で食べることはできません。また、乾燥した豆はかたくて調理しにくく、消化が悪いことも難点です。そのため、比較的調理しやすい豆が広まり、調理や加工の方法が工夫されてきました。世界で一番豆類を食べている国はインドです。インドのヒンズー教徒にはベジタリアンが多いため、豆類は大切なタンパク質の供給源になっています。ブラジルでも豆料理がよく食べられ、その代表的なものが、インゲン豆と肉を煮込んだフェアジョアーダです。

日本で主に栽培されているのは大豆、インゲン豆、小豆、エンドウ豆など8種類で、中でもタンパク質や脂質を多く含む大豆が食生活を支えてきました。大豆は中国から伝来したもので、日本ではいつから食べられるようになったかは定かではありませんが、弥生時代以降には栽培していたと考えられています。仏教伝来とともに肉食忌避が強まると、タンパク質供給源として重宝されました。また、豆腐や納豆、みそやしょうゆなどの加工技術が発達したため、広く利用されるようになりました。江戸時代にはさまざまな豆腐料理が紹介された『豆腐百珍』が出版されるほど、大豆は食卓の花形でした。

大豆は、かつては田んぼのあぜ道などでたくさん栽培されていましたが、今では自給率は5％ほどで、大部分はアメリカなどからの輸入品です。種皮の色で黄大豆と色大豆に大別されます。色大豆には黒大豆や青大豆、赤大豆、茶大豆のほか、珍しい2色の大豆もあります。長野県などで栽培されている「鞍掛」という大豆は、緑の地に黒い紋が広がり、そのもようが馬に鞍をかけたように見えることからその名前が付きました。また、大豆は粒の大きさでも分類されており、用途に応じて使い分けされています。ビールのおつまみとして定番の枝豆は未熟な大豆です。

小豆は1700年ほど前、またインゲン豆は350年ほど前にいずれも中国から伝来したと考えられています。ただし、近年の研究では小豆の起源は日本であるという説も有力になっています。これらの豆は大豆と違ってデンプンを多く含みます。栄養価の高い大豆の栽培は全国に広まりましたが、これらの豆は地域ごとに風土にあった品種が栽培され、地域ごとの調理法で食べられてきました。日本では小豆の赤色は魔よけの力があると信じられ、お赤飯をはじめ小豆を使った行事食がたくさん伝えられています。そのほか、節分の豆やお彼岸のおはぎなど、日本人の文化や行事にも豆が深く関わっていることから、日本人にとって豆が大切な食べ物であり続けてきたことがわかります。

インド原産の緑豆は、江戸時代に日本に入ってきましたが、現在の日本ではほとんど栽培されていません。そのため、あまりなじみのない豆のようですが、実は私たちはたくさん食べています。豆もやしの原料にはブラックマッペ（ケツルアズキ）、大豆、緑豆がありますが、最も生産量の多いもやしは緑豆もやしで、国内生産量の約9割を占めています。緑豆はもやしの原料として中国からさかんに輸入されています。また春雨の原料としても知られています。日本ではジャガイモやサツマイモのデンプンから春雨が作られますが、製造しているところは少なく、私たちが食べている春雨のほとんどは中国産の緑豆春雨です。

大豆や小豆を食べているのは東アジアだけです。大豆は米国やブラジルなどで生産されていますが、もっぱら油をとるのが目的です。日本では豆は健康食品とよくいわれ、大豆に含まれるタンパク質に加え、近ごろは食物繊維や小豆などの皮に含まれるポリフェノールが注目されています。豆類は鉄分やビタミンB_1も豊富です。日本人は豆を巧みに加工することでおいしさを引き出してきました。栄養も豊富なことからこれからも私たちを支えてくれる食品であることでしょう。

大豆七変化

さて、ここでは豆の食べ方から、おいしさを探ってみましょう。まずは、日本人の食生活を支えてきた大豆です。

大豆が「畑の肉」と呼ばれるのは、良質のタンパク質と脂質を多く含むからです。乾燥大豆ではタンパク質を約35％も含み、必須アミノ酸が豊富です。必須アミノ酸とは体内では合成できないために食物からとらなければならないアミノ酸のことで、大豆ではリジンが多いことが特徴です。日本人の食生活ではご飯とともに豆腐やみそなどの大豆製品をよく食べます。米と大豆の組み合わせは、米に不足しがちなリジンを大豆製品が補うので、栄養的に理にかなっています。

一方、大豆は消化の悪いのが難点。大豆には消化酵素であるタンパク質分解酵素の働きを阻害する物質「トリプシンインヒビター」が含まれているためです。大豆は生のままでは食べられませんが、トリプシンインヒビターはタンパク質なので、加熱すれば変性して不活化します。そこで、先人たちは大豆の欠点を補い、おいしく食べるための多くの加工法をあみだしました。

大豆の加工品といえば、みそやしょうゆなどの調味料のほか、納豆や豆腐があります。さらに油揚げや高野豆腐など、豆腐を加工した食品にも多くの種類があります。また大豆は油にもなり、その姿はまるで七変化。先人の知恵には驚かされます。

みそやしょうゆは、ゆでたり蒸したりした大豆を麹で発酵させたものです。大豆のタンパク質が微生物で分解されてうま味成分のアミノ酸やペプチドになり、おいしさを生み出します（55ページ参照）。

納豆は、かつては蒸し煮した大豆を藁で包んで発酵させ、藁の中にいる納豆菌（枯草菌《こそうきん》の仲間）の働きを利用して作っていました。現在は、蒸した大豆に培養した納豆菌を加えて製造していることが多いです。この納豆菌によって、タンパク質が分解されてみそやしょうゆのようにうま味が生じます。また、糸を引く「ねばねば」はタンパク質が分解してできたグルタミン酸と大豆の中に含まれている糖「フラクタン」が結合したものです。

豆腐は豆乳をにがりで固めたもの。大豆のタンパク質が見事に変身し、なめらかで「つるっ」とした食感が生まれます。大豆を水に浸し、やわらかくしてすりつぶし、さらに加熱して搾ると豆乳ができます。豆乳は大豆タンパク質抽出液で、搾りかすが「おから」になります。おからには、食物繊維が多く含まれています。

豆乳に加えるにがりの主成分は、塩化マグネシウムです。かつては海水からとったものが使われていましたが、いまは凝固剤として塩化マグネシウムのほか塩化カルシウム、硫酸カルシウムなどが使われています。豆乳を加熱すると、タンパク質が変性し、さらににがりを添加すると変性タンパク質の分子間にS－S結合や疎水結合などいろいろな種類の弱い分子間結合ができます（図4－12）。つまり、タンパク質分子と分子の間にいろいろな種類の弱い化学結合ができ、分子が網目のようにつながっていくのです。この網目の中に水を閉じ込め、ゲルになったものが豆腐です。

お吸い物の具や精進料理で使われる湯葉は、豆乳を加熱したときに表面にできる薄い膜を引き

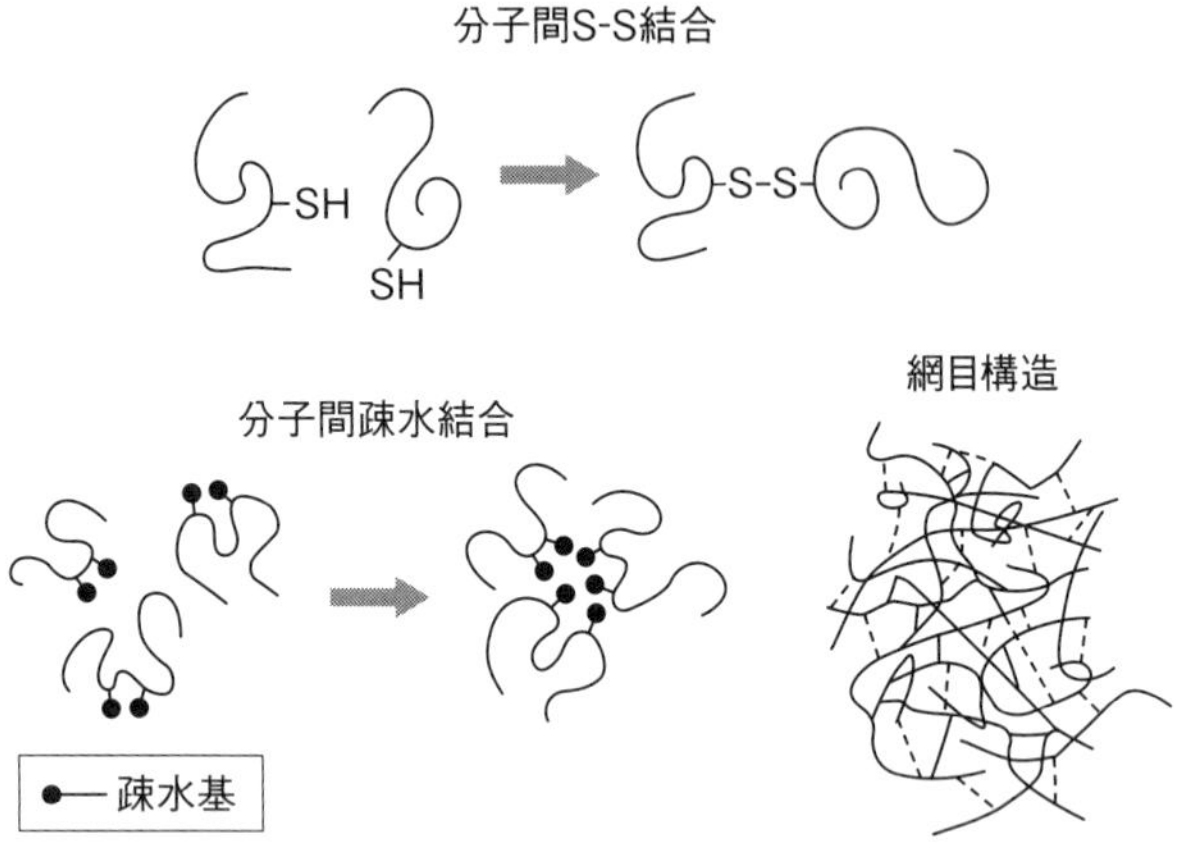

図4-12　**大豆タンパク質の変性による結合**

上げたものです。豆乳を加熱すると、表面で水分が蒸発し、タンパク質が凝固し、さらに周辺の脂質を取り込み皮膜ができます。牛乳を温めたときに表面に膜ができるのと同じ原理です（図4-13）。この膜をすくいあげたものが生湯葉、さらに乾燥させると乾燥湯葉になります。

日本古来の伝統食品である凍り豆腐（高野豆腐）は豆腐を凍らせて乾燥させたものです。タンパク質を豊富に含み、保存性のよい食品です。冬の厳しい寒さで豆腐が凍ってしまったことで偶然できたといわれます。高野山で精進料理に使われるので高野豆腐ともいわれます。豆腐を低温におくと、水分が凍るとともにタンパク質が変性します。その後、温度が上がると先に水分が溶け出し、大豆タンパク質の網目構造が残ります。そのため、豆腐がスポンジ状組織になり独特の食感が

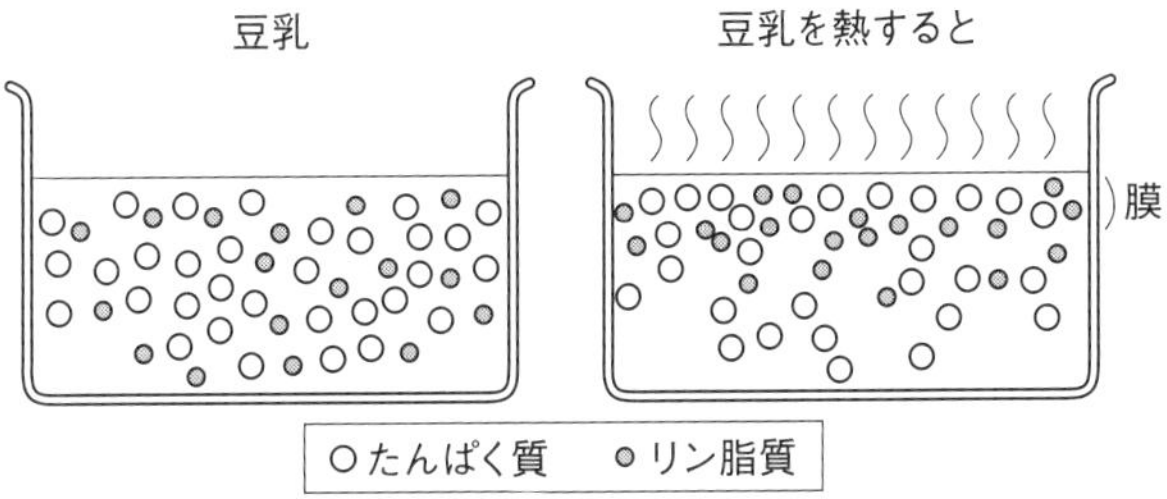

図4-13　湯葉のでき方

生まれます。凍り豆腐をだし汁で煮ると、このスポンジ状組織の中に煮汁をたくさん吸い込むことができるので、おいしくなります。

デンプンを巧みに操るあん作り

日本人の食生活にとって大豆は大きな役割を占めていることは大豆加工品の種類の多さからもよくわかると思います。ではそれ以外の豆はどのように食べているのでしょうか。近年の日本人の豆の消費は、大豆が横ばいなのに対し、小豆やインゲン豆などの雑豆類は減っています。そしてその約６割は「あん（餡）」として利用されています。小豆やインゲン豆のほとんどは、あんや菓子原料として、またエンドウ豆やソラ豆は、あん以外に煎り豆などとして利用されていることが多いです。海外にはたくさんの豆料理があるのに、日本ではあまり豆料理を見かけません。

日本では小豆などの豆類をあんや煮豆などで甘い味付けにして

食べることが多く、おかずで食べるイメージはあまりありません。また、甘い豆を食べるのはアジアの国々だけです。塩味で豆を食べるのに慣れている海外の人はあんが苦手な人も多いようです。

あんは、小豆などの豆類をやわらかく煮て砂糖を加えたものをいいますが、中国から伝わったときには饅頭に入れる具を指していました。平安時代に伝わった饅頭には肉のあんが入っていたのですが、僧侶たちが肉食を避けるため、小豆で代用したのが現在のあんの始まりといわれています。室町時代に砂糖が広まると、甘いあんが作られるようになりました。甘い豆やあんこが庶民でも食べられるようになったのは、砂糖が国内生産されるようになった江戸時代後半からです。きんつば焼や大福などの和菓子が作られるようになり、あんは和菓子の主役になりました。さらには、甘い煮豆も食べられるようになりました。

明治時代になると、煮豆専門店が現れました。豆類と砂糖の相性は抜群によいので、煮豆やそのころ登場した甘納豆は庶民のお茶請けとして受け入れられました。煮豆が手軽に買えるようになったこともあり、大豆は加工しておかずに、それ以外の豆は甘くしてお茶請けなどにと用途が分かれたのかもしれません。

小豆あんの他にも、白インゲン豆を使った白あん、エンドウ豆を使った鶯《うぐいす》あんなどもあります。どのあんもしっとりとしてなめらかな風味が特徴です。洋菓子のクリームやペーストと違っ

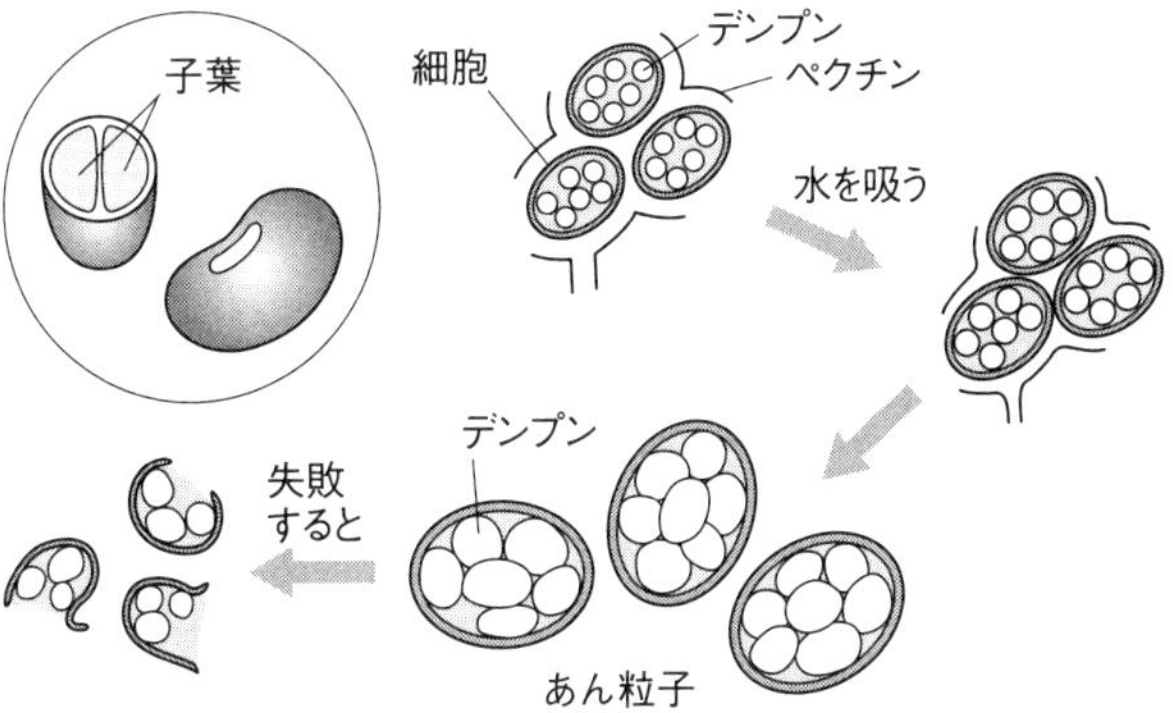

図4-14　**あん粒子のでき方**

て、粘りがなく、口の中でさらりとしています。あんは小豆やインゲン豆のようなデンプン質の多い豆類でしか作れず、タンパク質や油の多い大豆や落花生で作っても、ペースト状になるだけであんの食感になるものは作れません。ただし、大豆の成長途中である枝豆なら、まだデンプンを含む割合が高いのであんになります。東北地方で食べられている「ずんだ」がその例です。ずんだは、枝豆で作られる緑色のあんで、つきたての餅にからめて食べます。

あんの独特な食感は、豆類を煮たときにできる「あん粒子」をうまく取り出すことで生まれます（図４－14）。豆の皮に包まれている部分を子葉といい、子葉は細胞壁に囲まれた細胞からなります。細胞の中ではデンプンやタンパク質が別々の粒子となっています。豆をやわらかく煮ると細胞間にあるペクチンが溶け出し、子葉部分が細胞単位でバラバラになります。細胞の中では、デンプンは水を吸ってふくらみ、糊状になっています。デンプンで膨らんだ細胞があん粒子です。細胞膜は強靱なうえ、細胞内部のタンパク質がデンプン粒子を取り囲んで、凝固し安定化されます。内部のデンプンは流出せず、とどまっているため、あんは粘らないのです。ここに保水力のある砂糖が加わると、つやが出て、保存性も増します。

豆をゆでて、種皮ごとつぶしたものを「つぶしあん」、種皮の部分を取り除き、あん粒子だけにしたのが「こしあん」です。あんを作るときに機械的な刺激を与えたり、過度に加熱したりして細胞膜が壊れると、あん粒子からデンプンが流出して粘りが出るので、独特の食感が生まれません。また、加える糖類の量や炊く時間であんのかたさや糖度が変わってきます。そのため、おいしいあん作りには、大変な手間と繊細で巧みな技術が必要です。和菓子職人になるには、「あん炊き3年、あん練り3年」とか「あん炊き10年」といわれるほど、あんを作るのは重要で難しい作業なのです。

第5章

調理から生じるおいしさ

おいしさを作る熱

熱の伝わり方

調理は多種多様な操作の組み合わせです。調理の過程ではさまざまな物理現象や化学反応が起こっており、普段何気なくしている操作も、それぞれ意味や理由があります。その過程に焦点を当て、どうしておいしくなるかを考えてみましょう。

人類は火を手に入れることによって、食品を加熱できるようになりました。そのおかげで食中毒を防ぐことができ、食べ物を安全に食べることができるのです。さらに、熱によって食品中ではさまざまな化学反応が起こり、やわらかくなって食べやすくなったり、香りやうま味が増して風味が向上したりします。このように、熱は食品にいろいろなメリットをもたらし、加熱は調理にとって欠かせない操作となりました。

煮たり、焼いたり、と加熱調理の方法はいろいろあります。たとえば、フライパンの上の肉にはどのように熱が伝わっているのでしょう。加熱の原理は、「熱は高いほうから低いほうへ移動し、同じ温度になろうとする」ということです。熱の伝わり方には「伝導」「対流」「放射（輻射）」の3種類があり、加熱調理はこれらが組み合わさっています。調理の方法や調理器具、火加減などで食材への熱の伝わり方や伝わる速度が変わり、料理の仕上がりが変わってきます。調理の基本は火加減などといいますが、加熱の仕方がおいしさに大きく影響するのはご存じの通りです。

伝導とは、2つの物体間の直接接触によって熱が受け渡されることをいいます。「焼く」「炒める」「煎る」などで見られる熱の伝わり方です。たとえば、フライパンで肉を焼くとき、熱せられたフライパンに肉が接触することで熱が伝わります（図5-1）。また、温度が上がった肉の表面から徐々に肉の内部に熱が伝わることも伝導です。

対流とは、熱を伝える媒体を介して熱が受け渡されることです。空気や水蒸気などの気体、水などの液体などの媒体と、その媒体に接触している食品の間で熱が伝わることで、「ゆでる」「煮る」「揚げる」「蒸す」などの調理で見られます。たとえば、ローストビーフを作るときは、オーブンで肉を焼きます。オーブンの中では、熱せられた「空気」が肉のまわりを流れることで熱が伝わります。ゆでる場合は「水」が、蒸す場合は「水蒸気」が、揚げる場合は「油」が食品に熱を伝えます。分子レベルで見ると、熱い空気や水の中では空気や水の分子が激しく運動していま

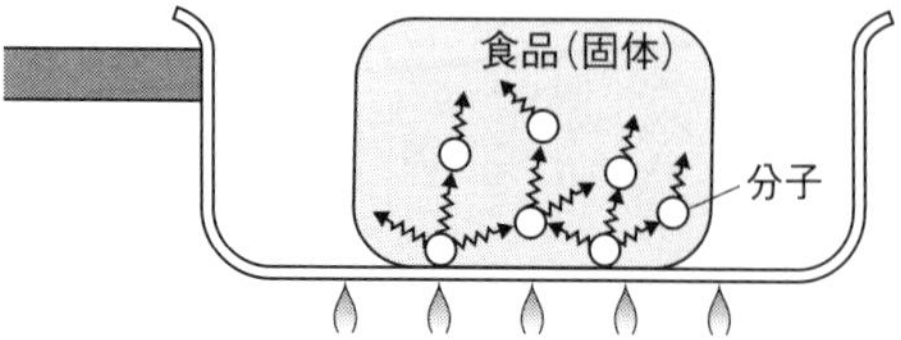

伝導熱の伝わり方（焼く、炒める場合）

高温分子の動きが隣の分子に伝わる。

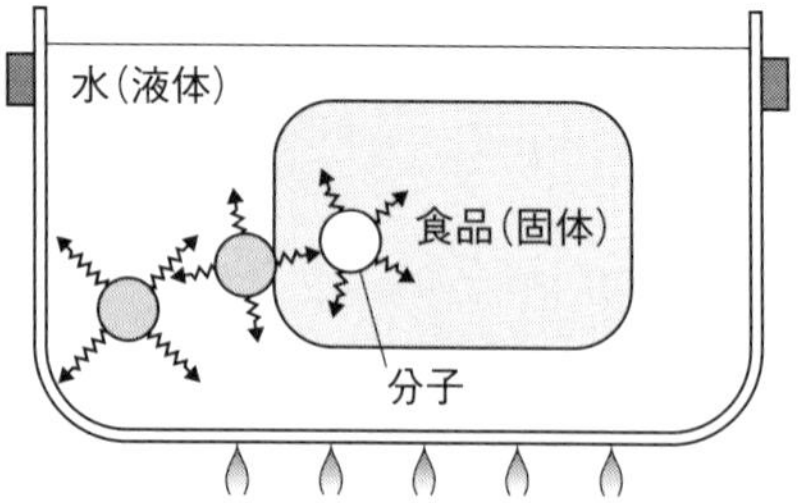

対流熱の伝わり方（ゆでる場合）

対流している高温の液体分子が固体の食品に当たって動きが伝わる。

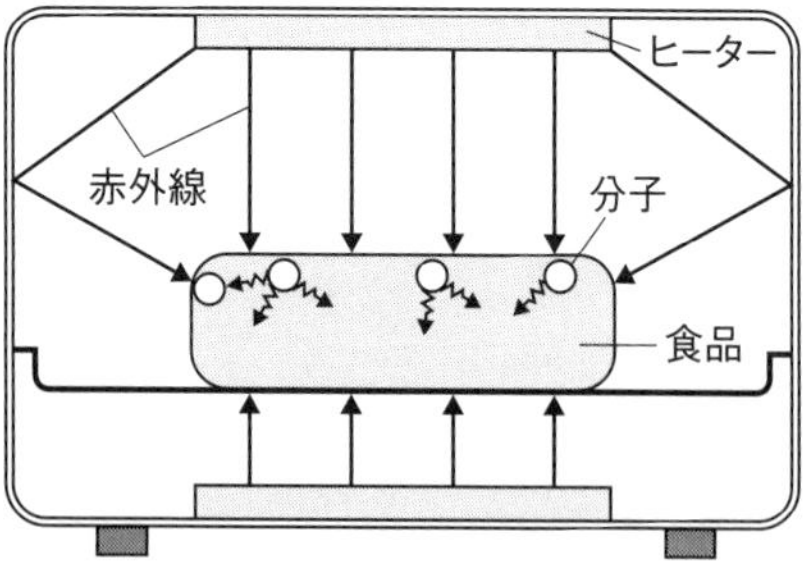

放射熱の伝わり方（グリルやオーブンなど）

赤外線が食品分子を振動させる。

図5-1　調理による熱の伝わり方（伝導、対流、放射）

す。激しく動いている分子が食品にぶつかり、食品が温められます。

放射とは、赤外線によって熱が伝わることです。魚焼きグリルや炭火で食品を焼いたときに見られます。高温側から出される赤外線のエネルギーが低温の物質の表面で吸収されて熱エネルギーに変わることで熱が伝わります。

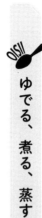

ゆでる、煮る、蒸す

熱を伝える媒体として水を用いて加熱する方法が、「ゆでる」「煮る」「蒸す」です。多めの水で加熱するのを「ゆでる」、調味液の中で加熱するのを「煮る」、水蒸気で加熱するのを「蒸す」といいます（図5－2）。

水にはさまざまな特性があることを第2章で述べましたが、水を熱媒体にすると、その特性から生じるさまざまな利点があります。まず、1気圧では沸点が100℃と一定なので温度調節がたやすく、焦げません。粘度が小さいため対流が起こりやすいので水温が均一になりやすく、また、比熱が大きいので水温の上昇はゆるやかで、温度を調整しやすいのです。水にいろいろな調味料を溶かして調味することもできますし、水分の少ない食品は水を吸収してやわらかくなります。一方、水分の多い食品は脱水されて身がしまることもあります。また、食品中の成分も溶け

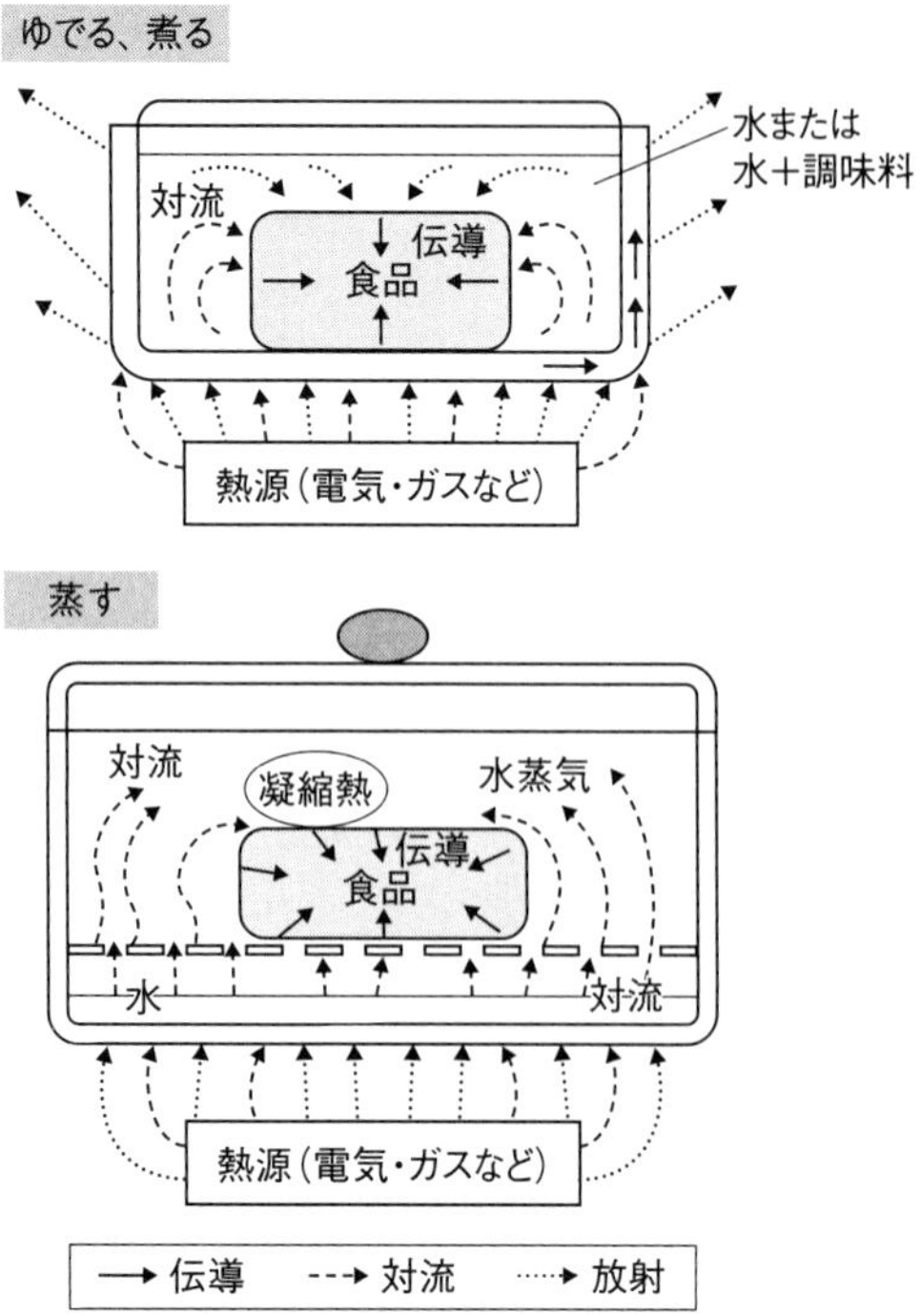

図5-2　**調理による熱の伝わり方（ゆでる、煮る、蒸す）**

出し、溶け出したうま味成分を利用する場合もあれば、苦味や渋味などの素になる好ましくない成分（アク）として取り除くこともあります。

「ゆでる」という操作は、食材をやわらかくするためや、野菜のアク抜きなどで行われます。「煮る」という操作は、調味液中で加熱することで、食材をやわらかくすることと調味が同時に進みます。

同じ水を熱媒体にする

加熱でも、「蒸す」という操作では、ゆでるときや煮るときと熱の伝わり方が異なるのが特徴です。「ゆでる」「煮る」の場合は加熱された水の対流によって食品に熱が伝わりますが、蒸し加熱では、蒸し器内の１００℃の水蒸気が１００℃以下の食品の表面にふれて、水に変わるときに放出する凝縮熱で食品に熱が伝わります。水１ｇの温度を１℃上げるのに必要な熱量は１カロリー（15℃の水のとき）であるのに対し、水蒸気１ｇが水に変わるときに放出する熱量は５３９カロリーとかなり大きいので、蒸し加熱のほうが食品に大きい熱を伝えることができるというわけです。

ゆでるのか、煮るのか、蒸すのかは調理の目的によって使い分けられています。たとえば、アクの多いホウレン草をそのまま調理したのでは、苦味や渋味が出てしまうので、ゆでてその成分を除きます。饅頭を蒸すのは、水蒸気で素早く加熱することで、ふっくら仕上げたいからです。「煮る」という操作では、食材をやわらかくすることと調味とが同時に進むと先に述べました。でも、煮物では、味が浸み込まなかったり、食材が煮崩れてしまったりすることがあります。煮ている間に、味はどのように浸み込むのかを考えてみましょう。

味が食べ物に浸み込む原理は、「拡散」と「浸透圧」です。つまり、濃度の異なる物質が同じ濃度になろうとする現象で、食品では、調味料に含まれる塩やアミノ酸などの分子が食品の内部に浸透し、分散することといえます。たとえば、漬物では、生の食品を調味液につけますが、味が浸みるのには時間がかかります。でも、食品を加熱して組織を壊し、浸透しやすくすれば、早く味を浸み込ませることができます。

煮魚では、煮汁を沸騰させてから魚を入れます。これは、うま味を逃がさず短時間で仕上げたいからです。沸騰した煮汁の中に魚を入れると表面のタンパク質はすばやく熱で固まるので、魚のうま味成分が煮汁に流れ出るのを防ぐことができます。

煮汁の量が多いと魚からの成分がたくさん流れ出るので、煮汁はなるべく少なくしたいのですが、煮汁が少ないと魚全体が煮汁につかりません。そこで、落とし蓋の登場です。落とし蓋とは、鍋の中の食品の上に直接のせて使う蓋のことで、魚の上にまで煮汁が回って調味料の浸透が均一になりやすくなります。魚を煮ると煮汁が沸騰して泡が立ちます。落とし蓋があればその泡が蓋の裏側を伝わって煮汁を全体に広げてくれます。そのため、煮汁が魚の上部にまで行きわたり、全体に味をつけることができるのです。また、落とし蓋があれば、やわらかい魚の上下をひっくり返す必要もないので煮崩れを防ぐこともできます。味が浸みて、ふっくらとした煮魚に調理するには、落とし蓋が重要な役割を果たしているというわけです。

肉じゃがや筑前煮など味が浸み込んだ煮物はおいしいものです。よく「煮物は冷めるときに味が浸みる」といいますが、これはどういうことなのでしょうか。組織が壊れれば壊れるほど、味はよく浸み込みます。だからといって長時間加熱を続ければ、食品の組織が壊れ煮崩れてしまいます。そこで短時間加熱して、食品の組織を煮崩れない程度にバラバラにし、火を止めて時間をかけてゆっくりと調味料を浸透させます。これが「冷めるときに味が浸みる」ことなのです。このように、温度勾配（物質による温度の変化の違い）により物質が移動する現象のことを「ソレー効果」といいます。

煮込み料理のおいしさ、カレーのおいしさ

さて、煮込み料理のおいしさがどのように生じるのか、みんなが大好きな、カレーを例に探ってみましょう。ご存じの通り、カレーは肉と野菜を香辛料とともに煮込んで作ったもの。よく、カレーは「大鍋で作ったほうがおいしい」とか「一晩たったほうがおいしい」といわれるのは、カレーのおいしさが、香辛料の風味や肉のうま味、野菜の甘味が混じり合って生まれるからです。

煮込む前に、肉や野菜を最初に炒めるのはうま味を閉じ込めるためです。油で炒めると、熱で具材の表面部分が固まり、全体は油でおおわれます。すると水分やおいしさをもたらす成分が具材の内部に閉じ込められて、ふっくらとしておいしくなるだけでなく、煮込んでも崩れにくくな

ります。また、刻んだ玉ネギをあめ色になるまでゆっくり炒めると、独特の甘味が加わり、豊かな風味になります。細かく刻むことは玉ネギの組織を壊し、細胞の中の糖分を外に出しやすくする効果もあります。ゆっくり炒めて水分をできるだけ蒸発させると、玉ネギの糖分が濃縮され、甘味を感じさせます。

カレーのとろみはカレールーに含まれている小麦粉やジャガイモから溶け出すデンプンによって生じます。カレールーの小麦粉に含まれるデンプンを水と一緒に60～80℃で加熱すると糊状になり、とろりとしてきます。カレールーは、沸騰した鍋の中に入れると、表面だけが熱によって急激に糊状となり、溶けにくくなってしまいます。この糊状のカレールーが「だま」と呼ばれるものです。火を止めてからカレールーを入れれば、「だま」を作らずにゆっくり確実に溶かすことができます。市販のカレールーの注意書きに「火を止めてから加えてください」と書いてあるのは、こういうわけなのです。とろみのあるカレーは具材やご飯に絡むので、味をしっかりと感じることができます。あわてずにルーをゆっくりと溶かすことが、おいしさにつながります。

作り立てのカレーより一晩たったカレーがおいしいといわれる理由は明確にはわかっていませんが、一晩おくことによって、加熱で溶け出した野菜や肉のうま味と調味料やスパイスが拡散し、味が均一になるためではないかといわれています。また、肉や野菜の成分がさらに溶け出して、コクが増します。また、まろやかになるといわれるのは、香辛料の刺激が弱まるためなどの理由が考えられます。香辛料の刺激が弱まるのは油滴（油の粒）の大きさが関わります。香辛料は油に溶けやすいものが多く、煮汁の中では油滴に溶けてカレーの中に存在しています。作り立てのカレーは油滴が大きいために香辛料の刺激を感じますが、1日たつと油滴が小さくなり、香辛料の刺激を感じにくくなります。

熱が生む卵料理のおいしさ

卵（鶏卵）はタンパク質を豊富に含む食品の代表です。ゆで卵、目玉焼き、卵焼き、茶碗蒸しなど少し考えただけでも次々に卵料理が浮かんできます。江戸時代の料理本に『万宝《まんぽう》料理秘密箱　卵百珍』というのがあります。文字通り卵料理のオンパレードなのですが、白身を内側に黄身を外側にした「黄身返し卵」やプリンのない時代の「冷卵羊羹」など、創意工夫を凝らした料理の数々には目を見張ります。こうしたバラエティに富んだ卵料理はタンパク質の変性を巧みに利用しています。

卵は卵白と卵黄からなりますが、この両者は性質が大きく異なります。卵白は水分とタンパク質が多いのが特徴。固形分は約12％ですが、そのほとんどはタンパク質で、卵白は高濃度のタンパク質水溶液といえます。一方、卵黄は脂質が多いのが特徴です。卵黄は約50％が固形分で、大部分が脂質とタンパク質が結合したリポタンパク質です。卵白は泡立ちがよく、卵黄は乳化性が高いという違いもあります。また、卵黄と卵白では食感が異なります。卵料理で卵黄が卵白に比べてかたく感じるのは、水分が少ないからです。一方、卵白がとろりと感じるのは水分が多いことと熱凝固しないオボムコイドなどのタンパク質が含まれているからです。

ゆで卵には卵白も卵黄も完全に固まった「固ゆで卵」と完全に固まっていない「半熟卵」があります。半熟卵は、卵白が固まり、卵黄がとろとろの状態です。さらに卵白が固まりかけて、卵黄がとろとろの状態の「温泉卵」があります。温泉卵は温泉につけて作ったことからこの名前がつきました。それにしてもどうして、みなゆで卵なのにこんなに状態が変わるのでしょうか。それは、卵黄と卵白の凝固温度の違いによるものです。卵黄は80℃以上にならないと完全に凝固しませんが、卵白には、たくさんの種類のタンパク質が含まれており、それぞれ凝固する温度が違います。

卵白を加熱するとまず固まるのはトランスフェリンというタンパク質です。これは58℃で白濁し、62〜65℃で流動性がなくなり、70℃で塊状になります。でも、70℃になっても白身はまだゼリー状です。それは卵白タンパク質の主成分であるオボアルブミンは75〜80℃以上にならないと完全に固まらないからです。一方、卵黄は60℃では変化はありませんが、70℃では凝固が始まり、粘りのある餅状の半熟状態になります。80℃以上になると全体が固まります。

　このようにタンパク質の種類によって凝固温度が異なるので、固ゆで卵を作るためには卵白も卵黄も完全に凝固する80℃以上にする必要があります。温泉卵は、卵白がかなり固まりつつも、卵黄が半熟状態の68〜70℃に加熱して作ります。半熟卵は熱湯でゆでます。卵白のほうが卵黄より固まりやすいので、ゆでる時間を調節して卵黄が固まらないように仕上げます。

　卵料理には温泉卵のように卵白を半凝固、卵黄を半熟の状態にした「ポーチドエッグ」があります。ポーチドエッグは「落とし卵」とか「酢卵」ともいいます。近頃カフェなどで人気が高まっているエッグベネディクトは、イングリッシュマフィンと呼ばれる丸いパンにハムやベーコンとともにポーチドエッグをのせたものです。ポーチドエッグは酢を入れた湯の中に卵を落として作ります。これはタンパク質の熱変性とともに酸変性を利用しています。卵白が酢の作用によってすばやく固まるので、その中に卵黄を閉じ込めます。そのため、卵白が固まっているのに卵黄は半熟状態になるのです。

　卵は、熱変性を受ける温度が60〜80℃ですが、割りほぐしたり、調味料を加えたり、あるいは熱の加え方によって凝固する温度や食感が変わってきます。

　卵を割りほぐすのは、卵黄のまわりを覆っている卵黄膜を壊すためです。この膜が壊れると固まりやすくなり、75℃で弾力のあるゴム状になります。この性質を利用した料理が、卵焼きや茶碗蒸しなどです。塩や砂糖を加えると凝固温度が高くなります。卵料理では加熱の条件を変えるなど卵の特性を巧みに操ることで卵料理のおいしさが生まれるのです。

焼く、揚げる

「焼く」とは水を熱媒体にしない加熱方法の一つです。この加熱法には熱源にかざして直接焼く「直火焼き」やフライパンなどにのせて間接的に焼く「間接焼き」があります（図5－3）。焼いて加熱する料理といえばステーキや焼き魚などが浮かびます。

ステーキでは中心部が生の「レア」や中まで火が通った「ウェルダン」、その中間の「ミディアム」と焼き方を変えます。こんなふうに熱の通り具合を変えることができるのは、水のような熱媒体を使わない加熱だからです。表面がカリッと中はジューシーな食感、ステーキが焼けるときの香ばしいにおいと食欲をそそる風味も焼くからこそ生まれるものなのです。

煮る、蒸すと違って、「焼く」と表面の水分が蒸発して乾燥し、さらに焦げて特有の風味が加わります。表面の温度の上昇の速度に比べて、食品内で熱が伝わる速さが遅いので表面と内部の温度差が大きくなります。表面は焼けているが、中は生というステーキのレア状態はこのような温度差から生まれます。レアよりじっくり焼いていくと、ミディアム、ウェルダン、と中にも火が通っていきます。

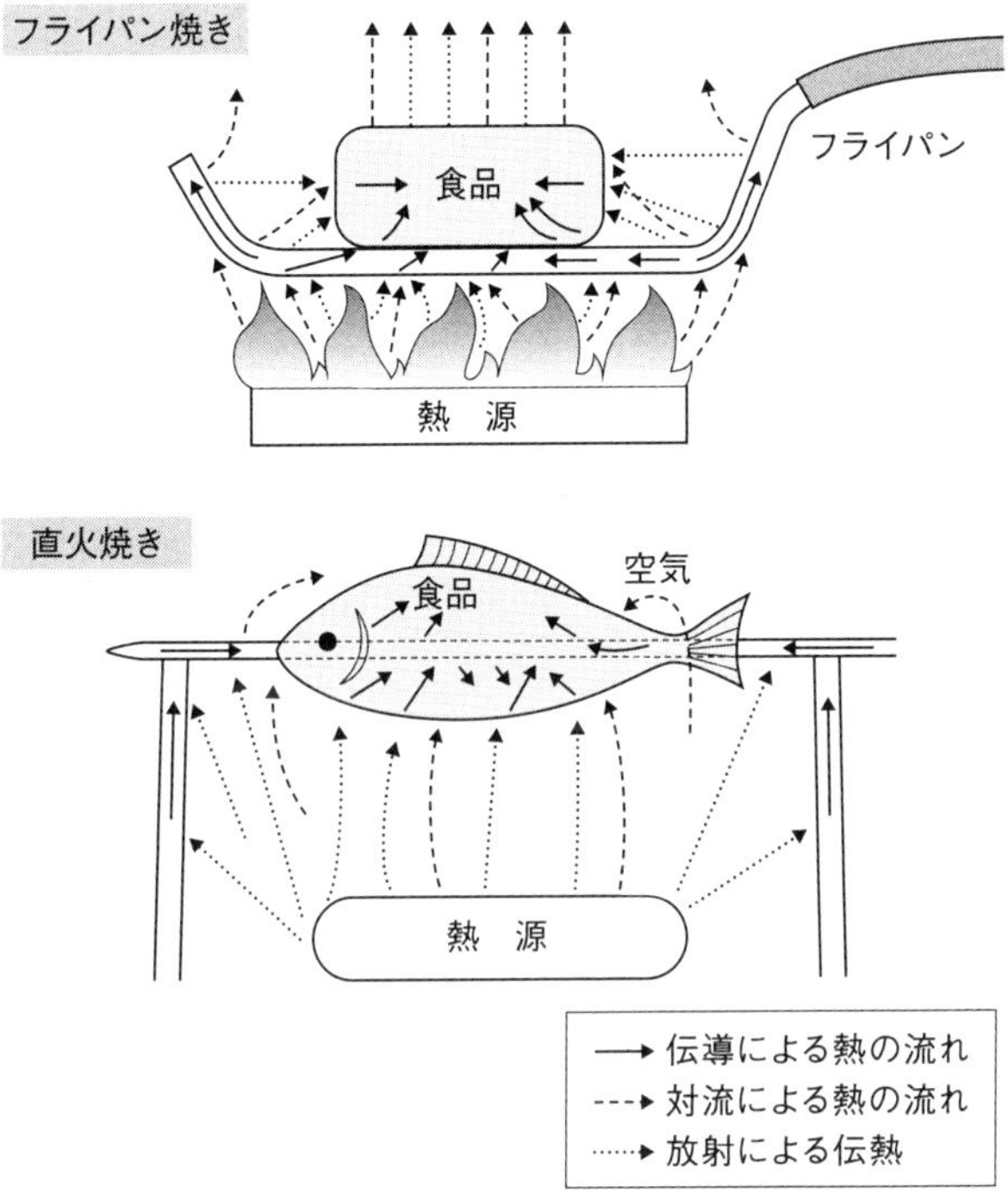

図5-3　**調理による熱の伝わり方（フライパン焼き、直火焼き）**

おいしい焼き魚とは、皮にはパリッと焦げ目が付いて、中はふっくらとジューシーなこと。焦げ目の香ばしい風味が食欲をそそりますし、汁気があれば、魚のうま味を感じることができます。焼き魚は、焼き方によって仕上がりが大きく変わり、おいしさにも影響します。

焼き魚は、魚を高温で焼いて表面を焦がし、香気を生じさせます。でも、魚を強火で焼けば、表面はあっという間に焦げてしまい、身の中は生焼けのままです。だからといって、弱火だと身の中心まで火が通るのに時間がかかるので、水分だけが先に蒸発して身がパサパサになってしまいます。おいしく焼く火加減は「強火の遠火」といわれ、炭火の加熱が理想とされています。

強火の遠火とは、表面の焦げ目の付き方と身の火の通り方がちょうどよい火加減のこと。炭火では、たくさんの赤外線が出て、その放射熱で魚の表面がこんがりと焼けます。少し遠ざけた遠火にすると、放射熱が広がって温度ムラが緩和されるとともに温まった空気の対流で一気に魚の温度が上昇し、内部がほどよく加熱されます。

おいしい焼き魚は炭火でなくてもガスコンロでも焼けます。ガスコンロのグリルは、金属の板を高温に熱して金属板から赤外線を発生させ、放射熱にします。加えてガス火による対流熱で魚を焼きます。炭火でもガス火でも加熱条件をコントロールすることによりおいしい焼き魚を焼くことができます。特に、最新の調理器具は加熱条件をうまくコントロールできるので、簡単においしく焼くことができます。

天ぷらやから揚げ、コロッケなど、油で揚げた料理はカラッとした食感や油の独特の風味が加えられ、おいしいものです。揚げ物は油が多くてカロリーが高そうだなぁと思いながらもついつい手が伸びてしまいます。

揚げるとは、油を加熱し、油の対流によって食品に熱を伝える加熱法です。油は水より比熱が小さいので簡単に１００℃以上になります。油の中では食品の水分は蒸発し、代わりに油が食品の中に入ってきます。つまり、揚げるとは、食品の中の水と油を交換することなのです。

材料に何も付けないで揚げる素揚げは、水分の蒸発が多く、食品独特の香味がつきます。ポテトチップスは油で脱水させ、パリパリとした食感を楽しみます。そのためには油の温度が重要。１４０℃付近の低温で十分に水分を蒸発させ、仕上げに１８０℃付近の高温で揚げることで適度な揚げ色や風味が付きます。

一方、材料に小麦粉をまぶしたり、衣を付けたりして揚げる衣揚げでは、衣の焦げによる風味が付くとともに、衣の中に食材の風味を保つことができます。衣揚げは１７０～１８０℃の高温で素早く揚げます。カラッと仕上げたいなら、水と油の交換を上手に行うことが必要です。揚げる温度が低すぎると、水分が十分に蒸発せずに油が入ってきて、カラッとはしませんし、食べると油っこく感じます。

天ぷらは魚介類や野菜に衣を付けて油で揚げます。江戸時代に流行し、江戸時代中期には屋台の食べ物として庶民が好んで食べました。当時、菜種油やごま油が増産されたことが天ぷらの人気を後押ししたようです。江戸時代後期になると、徐々に天ぷらは高級料理になっていきました。

おいしい天ぷらとは、衣がサクサクとし、衣の中に見事に食材の風味が保たれているものです。作り方は、衣をまぶした魚介類や野菜を「高温」の油の中で揚げる、という一見単純な過程ですが、材料の下ごしらえから、衣の作り方、揚げ方などにさまざまな手間をかけています。おいしい天ぷらを作るためには、調理の最高峰と呼ばれるほど繊細で巧みな技術を必要としているのです。このような技術が生まれたのは、天ぷらが庶民の料理から高級料理へ移ったためかもしれません。

油の中に魚や野菜を入れると、食品中の水分は一瞬にして蒸発します。天ぷらを揚げるときの油の温度が160〜180℃であるのに対し、水は100℃で蒸発するので、沸点以上の高温の油は水分を追い出すのです。

ただし、材料によって水分量が違うので、水分を均一に逃がすためには、揚げ方を変える必要があります。食品から水分が逃げ切らないうちに油から上げるとカラッと揚がらないし、長く油に入れすぎればカラカラのかたい天ぷらになってしまいます。そのために油の温度や衣の状態を見極め、ちょうどよいタイミングで上げなければなりません。

衣の中では、水分が逃げるときの水蒸気で魚介類や野菜が加熱されます。そのため、天ぷらを蒸し料理という人もいます。食品の余計な水分が外に出ていくためにうま味が凝縮され、風味は衣の中に閉じ込められます。また、衣には水蒸気で穴ができ、そこに油が入り込むのでサクサク

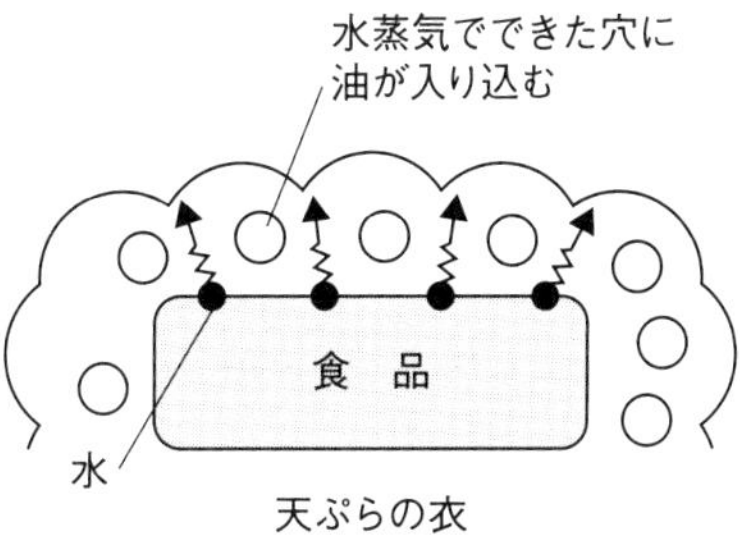

図5-4　**高温の油に入れた天ぷらの状態**

になります（図5－4）。

衣の作り方にもおいしくなる科学が潜んでいます。衣は小麦粉に水と卵を混ぜて作ります。小麦粉に水を加えるとグルテンによるゆるい網目構造ができます。熱を加えると網目構造が凝固して、その中に風味を閉じ込めることができます。ただし、小麦粉をかき混ぜすぎるとグルテンによる粘りが強くなり、緻密で頑丈な網目構造となって水分が逃げづらくなってしまいます。そのため、衣にはグルテンのできにくい薄力粉を用い、さっくりと混ぜます。

また、食品によって水分や熱の通り方が違うので、プロは適した下処理をして、ベストなおいしさを引き出しているのです。おいしい天ぷらには、職人の技と経験が詰まっています。

電子レンジのスピード加熱

電子レンジを使うと、手軽にお弁当やお惣菜を温めることができ、おいしく味わうことができます。温めるだけでなく、専用の容器を使った調理が注目されるなど、機能も進化しています。いまや世帯単位の電子レンジの保有率は9割を超え、私たちの食生活に欠かせません。

電子レンジが発明されたのは1940年代のことで、レーダーの研究がきっかけでした。アメリカのレーダー技師パーシー・スペンサーがレーダー機器を組み立てている途中で、ポケットの中のチョコレートが溶けていたことに気がついたという逸話が残っています。その後、多くの開発者が研究を重ね、1947年にアメリカのレイセオン社から電子レンジが発売されました。日本では1961年にまず業務用が、続いて翌年に家庭用の電子レンジが発売されました。

電子レンジが登場し、人々が一番驚いたことは、火を使わないで加熱できるということでした。ガスや電気などの熱源を使った加熱では、外からの熱を食品に伝えることで加熱しますが、電子レンジでは食品自身を発熱させて加熱します。マグネトロンという装置で発生させたマイクロ波を食品に吸収させます。マイクロ波は、電磁波の一種で、レーダーや衛星通信などの通信用に使われることが多く、周波数では300MHz（メガヘルツ）から300GHz（ギガヘルツ）までの範囲を指しますが、日本の電子レンジでは周波数2450MHzのマイクロ波が使われています。

食品を電子レンジで加熱すると、マイクロ波は電子レンジ庫内に充満しながら食品内部に入り、食品中の水分に吸収されます。水の分子内には、負電荷と正電荷を帯びた部分があり、あちらこちらの方向を向いています。マイクロ波を吸収すると、交流の電場におかれたことと同じ状態になります。周波数２４５０MHzとは、プラスとマイナスが1秒間に24億５０００万回入れ替わることで、電場が入れ替わるたびに水分子も向きを変えます。その過程で周囲の分子の抵抗を受けるなどで水分子の動きが電場の変化についていけなくなり、マイクロ波のエネルギーの一部が熱エネルギーになって失われます。その熱によって、食品の温度を上昇させます。

電子レンジの特徴はスピーディーに加熱できることです。たとえば、電子レンジなら2分ほどで温めることのできるレトルトカレーも、湯煎で温めようとすると15分くらいかかります。しかもお湯を沸かす時間も必要です。時間がかかるのは、ガスコンロの熱を鍋から水へ、水から食品の表面へ、さらに食品の表面から内部へと伝えて、温度を上昇させるからなのです。しかも、ガスコンロの熱効率は50～80％といわれ、お湯を介して食品に伝わる熱エネルギーは、かなり小さくなってしまいます。一方、電子レンジではマイクロ波のエネルギーは器を通過し、直接水に吸収され、エネルギーのほとんどが温度上昇に使われます。そのため、電子レンジではすばやく温めることができるのです（図５‐５）。

ただ、電子レンジによる加熱では表面は熱いのに中はまだ冷たいという加熱ムラがあるのが難点です。物質にはマイクロ波を透過するもの、吸収するもの、反射するものがあり、そのうち吸

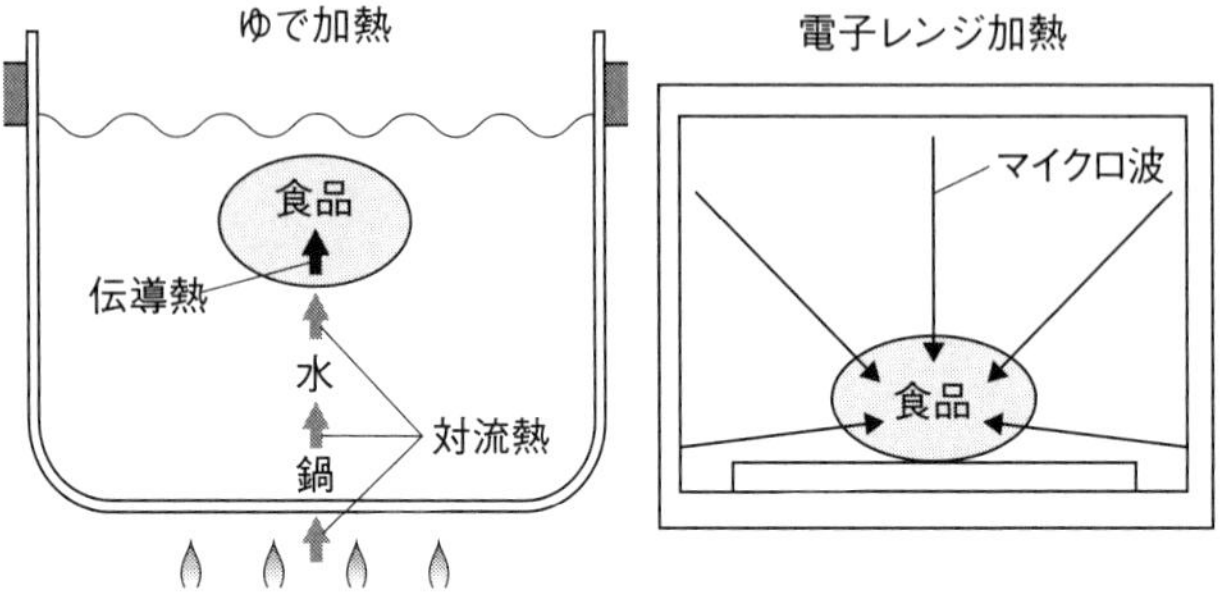

図5-5　**温まる速さの違い**

収するものが発熱します。物質によって発熱のしやすさが異なり、温度によって違いはあるのですが、発熱しやすいものほどマイクロ波の届く深さは小さくなります。そのため、食品の成分が均一でない場合は加熱ムラが起こりやすくなります。たとえば、水と食塩水を比べると食塩水のほうが発熱しやすく、マイクロ波の届く距離が短くなります。そのため、食塩を含む食品は端に近いほうが加熱しやすくなります。また、油は発熱しにくく、マイクロ波の届く距離が長いので、少量では加熱しにくくなります。

氷はマイクロ波をほとんど吸収せず、透過させます。そのため、冷凍食品を解凍するときに、溶けかかったものを電子レンジで加熱すると、水の部分は一気に温度が上がるのに対し、氷は温度が上がらず加熱ムラが起きてしまいます。また、小さい球状や円柱状では中心部に、四角では角の部分にマイクロ波が集まりやすい性質があり、これも加熱ムラの原因です。それを防ぐため、ターンテーブルが工夫されました。

また、アルミ箔製の容器や金線の模様の入った食器を使って電子レンジで温め、パチパチと音がしてびっくりした経験のある人もいるでしょう。これは金属がマイクロ波を反射するからです。パチパチいうのはアルミホイルの角などにマイクロ波が集まり、電子レンジの庫内の壁との間でスパーク（放電）を起こすためです。電子レンジでは、ちょっとした勘違いで使い方を誤り、思わぬトラブルが起こることがあります。

食品メーカーや電気機器メーカーはこのような短所を解決できるよう、パッケージを工夫したり、新しい機器を開発したりしています。私たちも原理を理解し、使いこなしたいものです。

おいしさを作る形・テクスチャー

切る

「切る」という操作は、調理するときに必ず行われ、切り方ひとつでおいしさが変わります。料理人にとって包丁が命ともいわれるのは、包丁の切れ味が料理の出来を左右するからでしょう。料理を食べているときはあまり意識していないかもしれませんが、切り方にはどんな意味があるのでしょうか。

切る目的には、食べられない部分を除く、食べやすい大きさや形状にする、加熱しやすくする、調味しやすくする、美しくするなどがあります。

切り方には角切りやさいの目切り、短冊切り、せん切り、拍子木切りなどがありますが、切り方を変えると、切ったものの表面積と体積の関係が変わります。味を浸み込ませるには表面積が大きいほうがよく、食品の成分が溶け出すのを防ぐなら表面積は小さいほうがいいのです。たとえば細かく、表面積を大きくしたいならせん切りが向いています。同じ大きさのものを切っても、さいの目切りは細かい割には、せん切りに比べて表面積は大きくなりません。こうした切り方が食品の味や風味を左右しています（図5－6）。

また、味の浸み込みや火の通りをよくするため、食材に切れ込みを入れる隠し包丁という操作があります。ふろふき大根やおでんの大根の真ん中に入った十字の切れ込みが隠し包丁です。また、大根の角をくるりとむき取って面取りもしています。これは、大根が煮崩れるのを防ぐためです。

歯ざわりもおいしさの大事な要素です。肉やゴボウを切るとき、繊維の方向にそって切れば食

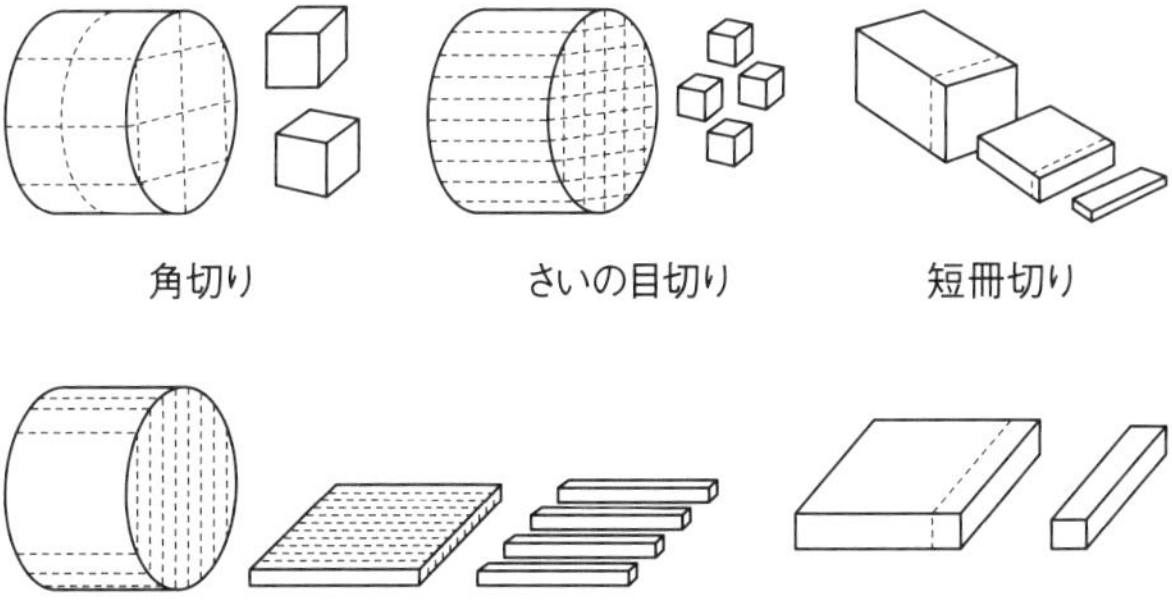

図5-6　食材の切り方

べるときに繊維を歯で噛み切ることになります。かたく食べにくくなりますが、かえってその食感がよい歯ざわりになることもあります。一方、繊維を断つように切れば、繊維が短くなり食べやすくなります。

花形切り、いちょう切りなどの飾り切りは野菜などを花などの形に切ることです。お節料理やもてなし料理などでよく使われます。飾り切りがあると見た目が華やかになり、季節感が出て、おいしさが引き立ちます。

混ぜる、こねる

「混ぜる（混合）」とは2種類以上の食材を混ぜ合わせることです。混ぜることの目的は、味や材料を均質化すること、熱の移動を促すこと、物理的な性状を変化させることです。材料を混ぜたあと、さらに「こねる（混捏《こんねつ》という）」と物性が向上します。パンやケーキ、麺類などの生地を作るときは、小麦粉に水を加えてよくこねます。混ぜると小麦粉に水が浸透し、こねると小麦粉は固まり、粘りや弾力が生じます。

大人も子供も大好きなハンバーグのおいしさは、嚙んだときの肉の弾力、そして嚙んだ瞬間に口の中に広がる肉汁と肉のうま味です。このハンバーグのおいしさには、「混ぜる」、「こねる」という操作が大きく関わっています。

ハンバーグを作るとき、ひき肉に玉ネギやパン粉を加えてよくこねますが、できあがりはひき肉のこね方で変わります。ひき肉をさっと混ぜて形を整えて焼くだけでは形は崩れて、ボロボロになってしまいますが、よくこねて形を整えて焼くと均一に固まり、厚みが出ます。

ひき肉は、牛や鶏、豚のすねやばら、かた、ももなどのかたいけれど、うま味のある部分を細かくひいたものです。肉は赤色の筋肉と白色の脂肪で構成されており、このうち筋肉は、筋線維が束になってできています（76ページ参照）。肉をひくと筋線維が細かく裁断されなめらかになり、いろいろな形にすることができます。さらに脂肪が混ざり、さらになめらかになって、味にコクが出ます。また、筋線維が細かいので、加熱してもあまり収縮しないため、塊の肉に比べてやわらかい食感になります。

ひき肉をこねるときは塩を加えることが重要です。筋線維を構成するアクチンやミオシンなどのタンパク質は塩を少し加えると水によく溶けるようになるからです。これらのタンパク質が溶け出ると、筋繊維がゆるんできます。さらにこね続けていると、ゆるんだ組織の中に水が入り込み、肉の粘りが強くなります。

粘りの出たひき肉に、卵や玉ネギ、パン粉、それに香辛料を加えて、さらに均一になるようこねます。卵は肉のすき間に入り込み、焼いたときに固まるので、全体をつなげる役割を果たします。パン粉を加えるのは肉汁を吸わせるためです。パン粉も肉汁を逃がさず、ふっくらとさせるために、一役買っています。

こねたひき肉を丸めて焼くと、ひき肉のタンパク質は固まり、立体的な網目のような構造を作ります（図５－７）。肉汁はその網目の中に閉じ込められます。ただし、こねすぎると肉の線維がちぎれて網目構造を作ることができず、かたいハンバーグになってしまいます。

こねた生地を丸めるときに、手の平で生地をたたいて空気を抜きます。これは、焼いている途中でハンバーグが割れるのを防ぐためです。ハンバーグ生地に含まれる空気は、焼くときに熱で膨張し、表面のすき間から抜け出そうとするので、ハンバーグが割れる原因になります。そこで、たたいてなるべく空気を抜くのです。熱で膨張した空気が逃げることのできるすき間や割れ目が表面に残らないようなめらかに成形します。また、生地の真ん中に厚みがあると空気が外へ逃げにくく、膨らんで割れやすくなります。そこで、成形するときに真ん中をへこませると、熱の通りもよくなります。

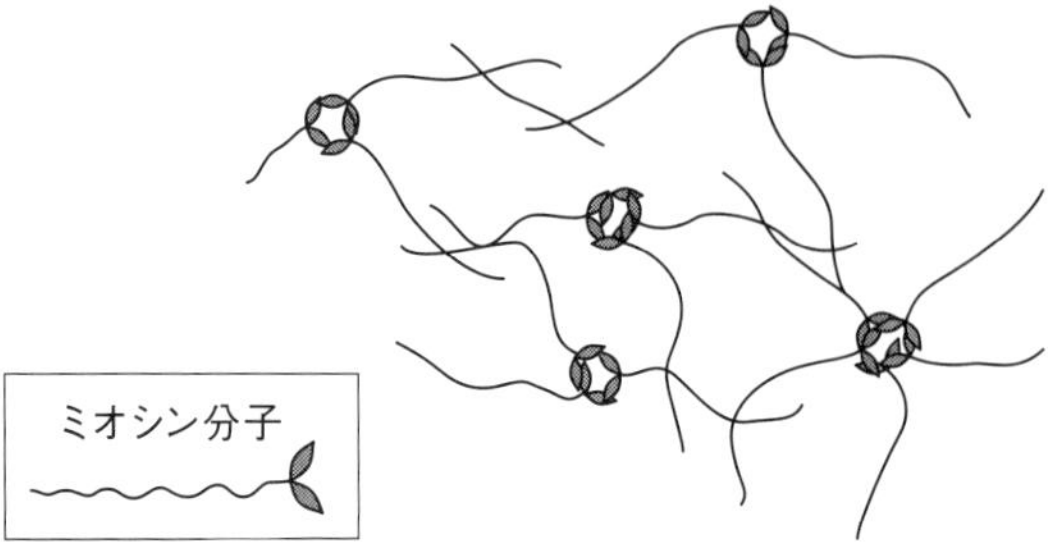

図5-7　肉をこねると、ミオシン分子どうしが網目構造を形成

調理はどの工程にも意味があるのです。ひき肉をこねているとき、ボウルの中でどんなことが起こっているのか想像しながら調理するのも、料理に対する興味を深めることになるのではないでしょうか。

よくこねて作る食べ物といえば、パンもあげられます。小麦粉をこねて、発酵させ焼き上げて作るパン。パンのおいしさであるふわふわで弾力のある食感にも「こねる」が大きく関わります。

小麦粉に食塩水を加えてよくこねると、弾力が出てきます。さらに流水中でもむと、デンプンが流れ出し、ネバネバした塊が残ります。この正体はグルテンで（52ページ参照）、麩の原料でもあります。小麦粉に含まれるタンパク質のほとんどはグルテニンとグリアジンです。グルテニンは弾力があるタンパク質でグリアジンはくっつきやすくよく伸びるタンパク質です。この2つが一緒になると絡み合って、粘弾性のあるグルテンになります。

ただし、グルテンのできやすさは小麦粉の種類によって違います。小麦粉は含まれるタンパク質の量によって強力粉、中力粉、薄力粉に分類されています。タンパク質の量が多いのは強力粉で、11・5〜13％含まれています。少ないのは薄力粉でタンパク質含量は6・6〜9・0％で、その中間が中力粉です。

パンの原料に強力粉を使うのは、タンパク質の量が多く、グルテンができやすいからです。強力粉を練った生地にはグルテンのおかげで弾力があります。パン生地では、発酵が進むと酵母菌の働きで炭酸ガスが発生し、それとともに生地が伸び、膨らみます。もしも弾力がなかったら生地が伸びず、破裂してパンは膨らみません。焼くとグルテンの網目構造がパンの骨格となり、そのすき間に空気が含まれ、フワフワのパンになります。

一方、クッキーやケーキでは、グルテンが多いとかたくなったり、ボソボソしたりしておいしくありません。なるべくグルテンができないように、タンパク質の含有量の少ない薄力粉を使い、生地は軽く混ぜます。スポンジケーキがフワフワなのは、卵の泡を使って膨らませているからです。

グルテンはうどんなど麺類のコシになります。そのため、製麺では適度な弾力の出る中力粉を使います。ただ、パスタではセモリナ粉を使います。セモリナ粉は、デュラム小麦を原料にした黄色い粉でタンパク質含有率が高いのが特徴です。

攪拌する

液体と気体を混合することを「攪拌する」とか「泡立てる」といいます。クリームに空気を混ぜ込んだり、卵黄や卵白に空気を混ぜ込んだりと、お菓子作りには欠かせない操作です。

ケーキやシュークリームに使われる、砂糖を加えて泡立てた生クリームはフワフワでなめらかな口当たりが魅力です。口の中で、生クリームの甘さと濃厚さが広がります。この濃厚さは生クリームが牛乳の脂肪分でできていることに理由があります。そして、この脂肪分が形を変えることで泡立ちます。

生クリームは牛乳から乳脂肪分以外の成分を除去して作ります。ホイップ用の生クリームには脂肪分が35~50%含まれており、生クリーム中では乳脂肪が小さい粒状の脂肪球になって細かく分散しています。脂肪球はタンパク質などでできた膜でおおわれているため、水と脂肪が分離して表面に浮くこともなく、分散できます。攪拌すると、脂肪球膜が壊れ、中から脂肪が出てきて、脂肪球がくっついてつながります。さらに泡立てると、つながった脂肪球が空気を抱き込みながら、どんどんつながっていきます。網目のように脂肪がつながり、空気が閉じ込められると安定したクリームになります。クリームが泡立つのは、クリームの中の脂肪球がつながって空気を取り込むためなのです（図５－８）。フワフワになった生クリームをさらに攪拌し続けると、脂肪球膜がもっと壊れて、黄色くかたいバターになります。

なお、泡立つのは脂肪分の多い生クリームだけです。通常の牛乳の脂肪分は生クリームの１割程度しかないので、泡立ちません。また、植物性のホイップクリームは乳化剤を加えて泡立つようにしてあります。

卵白に砂糖を加えて泡立てたものをメレンゲといいます。メレンゲを焼けばサクサクのお菓子になりますし、ケーキやムースの生地に混ぜるとなめらかな口当たりになります。メレンゲの原料である卵白は水分が多く粘りがあります。卵白をかき混ぜると、空気が混じり、細かい気泡がたくさんできます。表面張力の大きい水ではいくら攪拌しても泡立ちませんが、卵白には表面張力を弱めるタンパク質が含まれているため泡立ちます。卵白の中に空気が入ると、そのまわりのタンパク質がつながり、薄い膜を作り気泡ができます。このタンパク質は空気にふれると、分子の形が変わって固まるため、できた気泡は安定し、その形を維持できます。そのため、よく泡立てるとつぶれにくい泡になり、メレンゲができます。

スポンジケーキのおいしさは、ふっくらと膨らんだケーキの、フワフワとなめらかな口当たりにあります。スポンジケーキは、卵に砂糖を加えてよく泡立ててから、小麦粉を混ぜた生地をオーブンで焼き上げたものです。

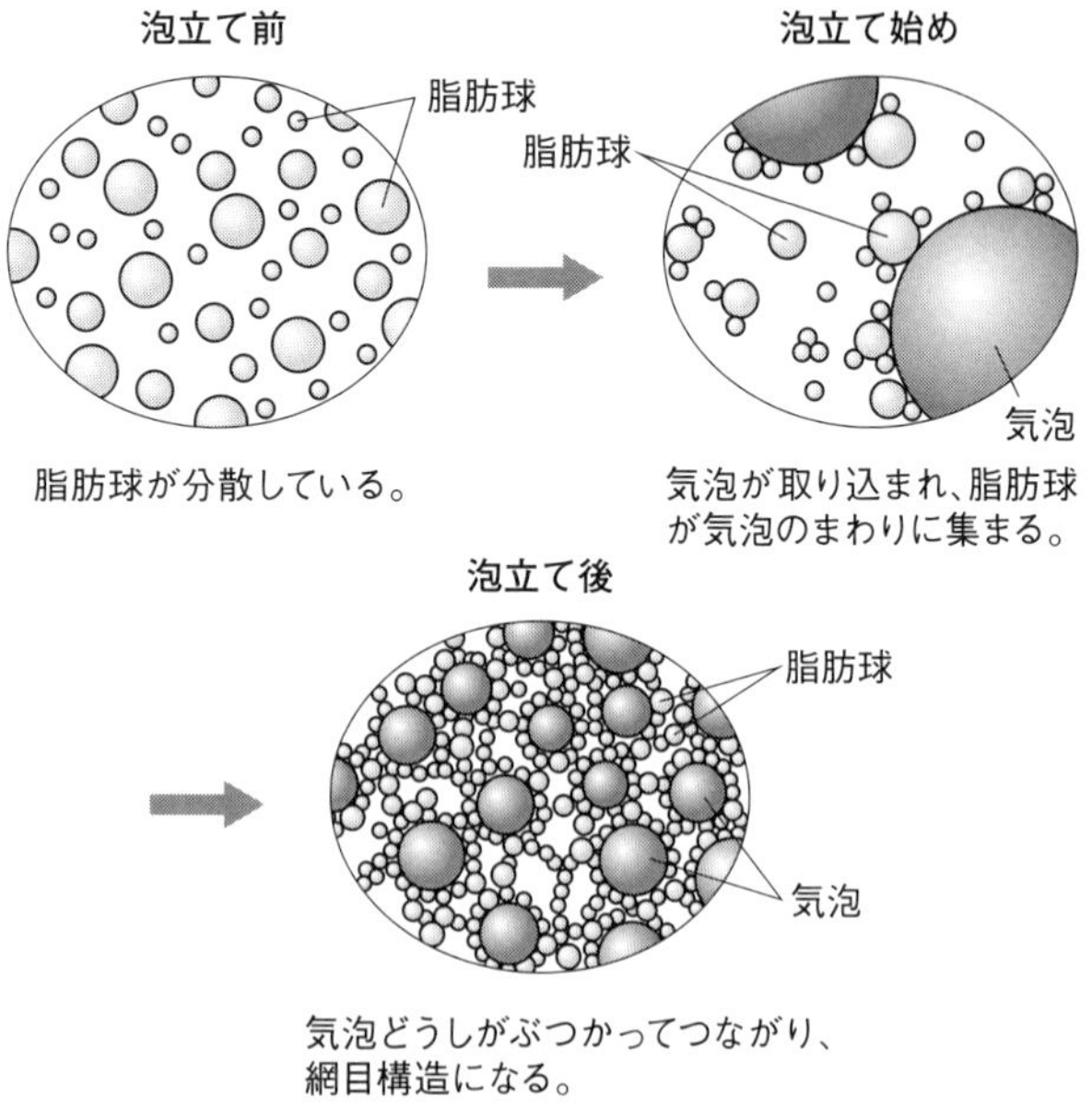

泡立て前
脂肪球
泡立て始め
脂肪球
気泡
脂肪球が分散している。
気泡が取り込まれ、脂肪球が気泡のまわりに集まる。
泡立て後
脂肪球
気泡
気泡どうしがぶつかってつながり、網目構造になる。

図5-8　**生クリームの泡立て**

小麦粉の生地を膨らませた食べ物はいろいろありますが、気体を発生させて膨らませるのはみな共通です。ベーキングパウダーなどの膨らし粉を使うものにドーナツや饅頭があります。膨らし粉の成分の炭酸水素ナトリウムに水や熱を加えると二酸化炭素が発生する性質を利用して、生地を膨らませます。パンは酵母のアルコール発酵により発生する二酸化炭素で膨らませます。

スポンジケーキの場合は、膨らし粉も酵母も使わずに卵の起泡性を利用して空気で膨らませます。ケーキにあいているたくさんの穴は卵の泡が膨らんだものです。ケーキを焼くときの熱で膨張し、さらに生地から水分が蒸発して泡の中の圧力を上昇させ、スポンジ状に膨れます。

スポンジケーキの卵を泡立てる方法には、卵白と卵黄を別に泡立てて作る別立て法と、全卵を泡立てて作る共立て法があります。

フワフワのスポンジケーキを作るには、別立て法が向いています。まず卵白をしっかりと泡立て、そこに卵黄（黄身）を混ぜて、かたくしっかりした気泡を含む生地にします。気泡は大きめの粒になり、フワッと軽い仕上がりのケーキになります。

一方、しっとりとしたスポンジケーキを作るには、共立て法が向いています。卵黄には、水と油を結びつける性質の脂質が含まれているので、卵の成分や材料が均一に分散します。最初から卵白と卵黄を一緒に泡立てると泡立ちにくくなりますが、クリーム状の細かい気泡の生地となり、スポンジケーキは、しっとりと濃厚な感じに膨らみます。

熱で膨らんだ泡も、ケーキが冷えれば縮んでしまいます。この縮みをなくす役割を果たすのが小麦粉です。小麦粉に含まれているデンプンは、水を加えて加熱すると、水を吸収して糊状になります。それが泡の壁となって、膨らんだ泡をしぼまないように支えます。ただ、小麦粉を加えるときに混ぜすぎると、泡がつぶれて、グルテンができ、膨らみが悪くなります。弾力の強いグルテンに囲まれた泡は、熱の力ではなかなか膨らみません。そのため、スポンジケーキを作るときは、含まれるタンパク質の量が少ない薄力粉を使います。

第6章

おいしさを作るテクノロジー

香りを作る

コカ・コーラが火付け役だった、食品香料の進化

香りは味とともに知覚され、おいしさを生み出しています。そのおいしさを演出するフレーバー（食品香料）が、科学や技術の進歩とともに進化しています。見た目は透明な水なのに果物や野菜の味がするフレーバーウォーターや、まるで焼肉を食べているような香りやコクを感じるスナック菓子など、フレーバーによる驚きの食品が次々に登場しています。ここでは、そのような食品香料の研究・開発に取り組む、高田香料の研究を中心にまとめます。

さわやかな果汁の香りがする飲料や甘い香りの焼き菓子。どれもおやつの定番ですが、もしも香りがなかったら、私たちはそのおいしさを堪能することはできません。

風邪をひいて鼻が詰まったときの食事がおいしく感じられないように、食品の香りは、味や舌ざわりとともに、おいしさを構成する重要な要素です。また、香りは食品の情報を得るための重

要な要素でもあります。たとえば、食品から不快なにおいがするのか、好ましい香りがするのかで、食べるか食べないかを決める指標になります。

フレーバーとはこうした食べ物を口に入れたときに感じる香りや風味のことをいいます。それが転じて、このような効果を示す食品香料をフレーバーと呼ぶようになりました。どんな食品でも、調理や加工、保存をすれば、香りは変化し、薄れてしまいます。そこで、劣化したり失ったりした香りを補うために、フレーバーが加えられるようになりました。さらに、素材由来の好ましくないにおいをマスキングしたり、食品に新たな風味を加えたりするために添加される場合もあります。

食品のおいしさを引き立てるフレーバーはいつから使われるようになったのでしょうか。ここで少しフレーバーの歴史を振り返ってみます。

人は古くから花や樹木の好ましい香りを食品香料や香水として利用してきました。18世紀には欧州でオーデコロンが流行しましたが、それらは植物や動物などの天然物から香りを抽出したものので、手間のかかる貴重なものでした。

19世紀になり、有機化学が発達して香りの成分が明らかになると、ドイツで香料成分が合成されるようになりました。この化学合成品からなる合成香料は安く大量に生産できるためにあっという間に広まりました。

一方、食品には天然のスパイスやハーブで香りを付けたり、肉の臭みをとったりする習慣がありました。合成香料が出回ると次第に食品にも使われるようになりました。19世紀の終わりごろから20世紀にかけて、アメリカで「コカ・コーラ」のような風味付きの清涼飲料水がブームになると、フレーバーが一大産業になったのです。

日本でも明治時代から大正時代にかけて、ラムネやサイダー、チョコレートなどの製造が始まると、企業はフレーバーを使うようになりました。けれども、当初は輸入品を使用しており、フレーバー産業が本格化したのは、第二次世界大戦後のことです。1948年に食品衛生法が施行されると、合成香料も食品添加物として指定されるようになりました。

その後、1950年代に広く出回った10%果汁入り清涼飲料水や粉末ジュースは、果汁がほとんど使われていないにもかかわらず、さわやかなオレンジの香りがして当時の人々にとっては斬新な製品でした。また、高度経済成長期から、インスタント食品やレトルト食品などの加工食品が生産されると、風味の劣化を補い、味わいを整えるためにシーズニングフレーバーが使われるようになりました。食生活が豊かになるにつれて、フレーバーの用途も広がり、さまざまな製品が開発されています。

調香師が数千の香料から香りを組み立てる

多くのフレーバーは、食品の香りを再現するように作られているので、味わう人の想像力をかきたて、食品のおいしさを引き立てることができます。

フレーバーの開発は食品の香りを分析することから始まります。しかし、香りを感じる嗅覚のメカニズムは十分に解明されていないうえに、１つの香りを構成する香気成分は、多い場合には数百から数千種類にも及びます。そのため香気成分の分析は非常に困難です。その上、濃度によって感じ方がまったく異なることもあります。同じ種類の香気成分を混ぜ合わせても、比率が少しでも違えば、まったく別の香りとして感じられます。

そのため、化学的な分析で香気成分の種類や濃度を測定しても、すべての香気成分を検出できるとは限りませんし、わずかな香りの違いを数値で判断することも難しいのです。人の感覚を利用して評価する官能試験も欠かすことができません。

こうした分析結果を手掛かりに、調香師（フレーバリスト）が数千種類もの香料成分から、食品のイメージに合うように成分を選び、配合して香りを組み立てます。

かき氷のシロップやガムに使われる「イチゴ」や「バナナ」などのフレーバーは、その香りから果物のイメージを抱く人が多いのですが、実際の果物にはない成分を含んでいます。これらのフレーバーはまだ分析技術が進んでいないころに開発されたもので、「イチゴの赤」「バナナの黄色」などをイメージして創作されたフレーバーなのです。

近年は分析技術が発展し、香気成分の解明が進んだため、より本物に近い自然な香りのするフレーバーや、味と一体となっておいしさを生み出すフレーバーが開発されています。肉のコクを感じるフレーバー、炭酸のはじける感じを生み出すフレーバーなど、画期的なフレーバーがどんどん誕生しています。

「ひとくち目」「のどごし」「余韻」の3段階変化

高田香料は、食品を食べたときに感じる香りの変化を分析し、その結果をフレーバーに応用した製品「のどごしフレーバー」を開発しました。このフレーバーは味わった人をあっと驚かせます。スイカフレーバーを加えた水溶液を口に入れると、ただの甘い水のはずなのにスイカを食べたような味わいが口の中に広がります。ただ甘いだけではなく、スイカを食べたときのような、みずみずしさや青さが口の中に残るし、シャリシャリした舌ざわりまで感じるから不思議です。目隠しして飲んだら、「スイカジュースを飲んだ」と、間違いなく思うでしょう。

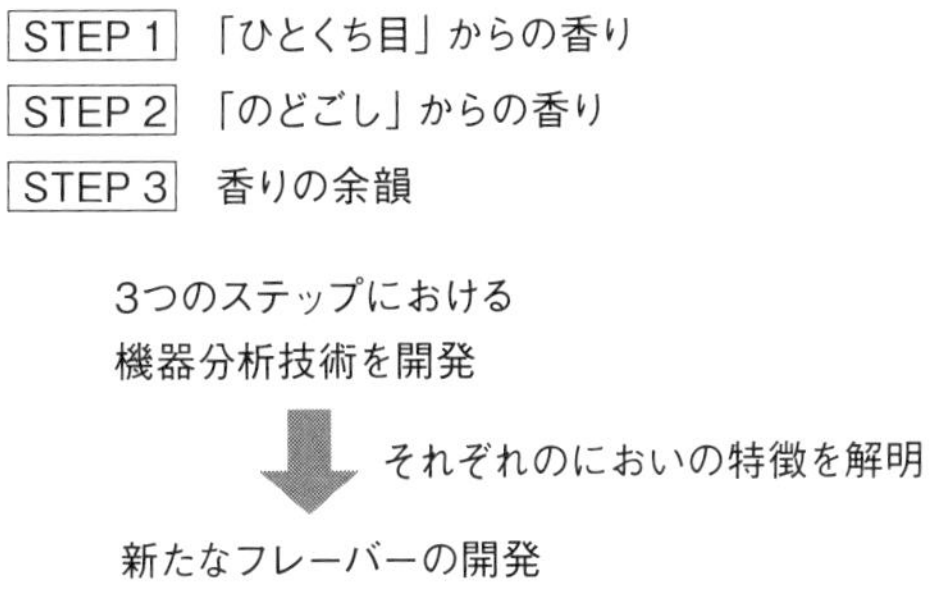

図6-1　飲食時に感じる香りの3ステップ
飲料を口に入れてゴクッと飲んだときの3段階の香りを分析した。

私たちは普段気が付いていませんが、食品から漂う香りの感じ方と、実際に食品を口に入れたときの香りの感じ方は異なっています。のどごしフレーバーはそれを見事に再現しています。

　このフレーバーの開発のきっかけは、いくら食品の香りを分析してフレーバーを作っても、食べてみると思ったような香りにならないことでした。そこで、口に入れたときの香りの印象は、食品自らの香りの印象と異なることに気が付きました。そして、食品や飲料を摂取したときに感じる香りには、3段階あると考えました。すなわち、口に入れたときの「ひとくち目の香り」、飲み込むときの「のどごしの香り」、飲んだあとの口の中に残る「香りの余韻」の3ステップが香りを印象付けるのに重要だと考えたのです（図6－1）。しかし、解明するための分析方法は当時なく、それから5～6年かけて分析技術を開発したのです。

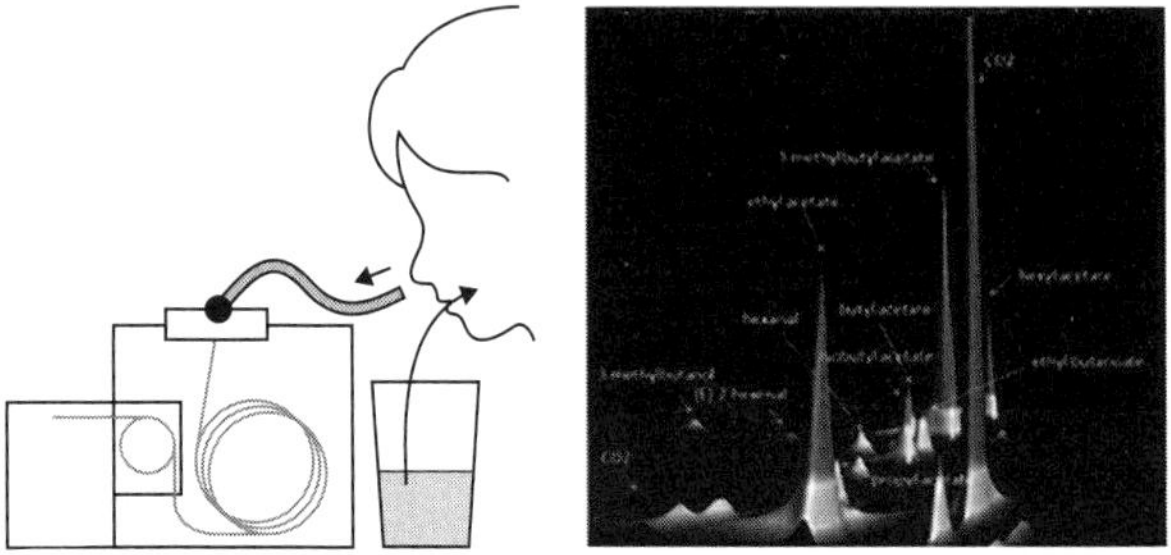

図6-2　香気成分の分析

飲料を一口飲んだときに鼻孔から抜ける香気成分の分析。
右のグラフのように、複雑な香りを三次元的に測定できる。

「ひとくち目の香り」は、人が食品を口に入れたとき最初に鼻に抜ける香りです。このたった一息分の希薄な香りですが、味わい全体の第一印象として残るので重要な香りです。「のどごしの香り」はごくごく飲んでいるときに鼻に抜ける香りです。これらの香りは、被験者が実際に飲食して鼻に抜ける香り成分を分析します。香りの分析にはガスクロマトグラフィーという揮発成分を分析する機器を使います。しかし、通常の分析機器で分析するのは難しいので、特殊な装置を開発し、飲料を飲んでいるときに鼻から出る香りを直接分析機器で分析できるようにしました。微量の成分を精度よく分析するためには、食品を口に入れるリズムが一定でなければなりません。被験者は事前に訓練を積むことが必要でした。

「香りの余韻」は、飲食後香気成分がいつまで揮発して広がり続けるのかを分析します。飲んだ後の香りがどのように変化していくのか挙動モデルを用いた独自の分析法で、口の中に残りやすい香気成分を突き止めることができました。さらにナノレベルの成分まで分析することで、従来の方法では見つけられなかった微量な成分が香りの鍵を握っていることが明らかになったのです（図６−２）。

こうした分析の結果、食品の持つ香りと、喉から鼻に抜ける「のどごしの香り」は異なることが明らかになりました。そして、この「のどごしの香り」を表現できれば、より本物に近いおいしさを生み出せることを確認しました。

次々に生まれる個性的なフレーバー

同社は果樹園などに出かけ、果物が木に実ったままの新鮮な状態で香りを分析します。たとえば、レモンの香りを分析するために瀬戸内海地方に、マンゴーやピーチパインの分析のため沖縄・西表島に行きました。この「フィールド調査」には、調香師も同行し、現地で果物の香りを嗅ぎ、ひたすら果物を食べて、果物のイメージを自身に植え付けます。

調香師は詳細な分析結果をもとに、自分の知識や経験、会社に蓄積された原料についての知見やノウハウ、そして個人のセンスを合わせて新しい香りを設計します。さらに先述の３ステップの分析を用いて、香料をブラッシュアップしていきます。法律によって使える香料の原料は決まっているので、分析した成分がすべては使えません。また、分析した通りに香料を配合してもイメージした香りになるとは限りません。そこは、調香師の経験やスキルがものをいうのです。そのため、フィールド調査で身につけた香りのイメージは、フレーバーを作るための重要な手掛かりになります。

こうしてできた「のどごしフレーバー」は、果汁を使わなくても、果物を口に入れたときから飲み込んだ後の香りを再現するとともに、果物を口に入れて嚙みしめたときのような、みずみずしい感覚まで蘇らせてくれます。

同社はリンゴやブドウなどの果物のほか、チーズやバターなどの調味料のフレーバー、変わったところでは焼き芋のフレーバーも開発しています。さらにはビールやワインなどアルコールを飲んだときの香りを再現する「酔いここちフレーバー」も開発しました。これは、アルコールを含んでいないのにアルコールを感じさせるもので、ノンアルコール飲料などに使われています。

科学技術の進歩とともに、フレーバーはますます進化しており、各フレーバーメーカーは、さまざまなコンセプトのフレーバーを打ち出しています。消費者を喜ばせる食品のおいしさは、フレーバーの進化からも支えられています。

冷凍食品と不凍素材

おいしくなった冷凍食品

便利でおいしい冷凍食品の保存性やおいしさはすぐれた冷凍技術が支えます。それに加え、不凍素材と呼ばれる自然界に存在する物質が冷凍食品のさらなるおいしさの開発に重要な役割を担っています。

スーパーマーケットの冷凍食品売り場にいくと、種類の多さに圧倒されます。冷凍食品とは長期保存を目的としてマイナス18℃以下で冷凍された加工食品のことです。業務用から家庭用までさまざまなタイプのものが販売され、生産量は増加する一方です。冷凍食品には、素材をそのまま冷凍したものと調理食品がありますが、日本で圧倒的に生産量や種類が多いのは調理食品です。調理食品とは、蒸す、焼く、揚げるなど最終の調理操作の手前まで施された半調理済み、あるいはそのまま食べることのできる調理済み食品のことをいいます。

人気があるのはお弁当のおかずになるコロッケやハンバーグなど、またうどんやチャーハンなど。最近では、スープと具材が一体化した麺類、フワフワのオムライスなど少し前では考えられなかったようなメニューが目白押しです。

お弁当のおかずに、休日のお昼にと、冷凍食品は今や私たちの食生活に欠かせない存在になりました。食品の味や香り、色、歯ざわり、栄養などを長期保存できるのは、マイナス18℃以下の凍結状態では、微生物が繁殖できず、また酸化などの化学反応が起こりにくいためです。

アラスカの先住民族は凍った土の中のマンモスを食べていたといわれ、どうやら人類は古くから凍った食品を利用してきたようです。19世紀になるとイギリスで最初の冷凍機が開発され、1877年と1878年にフランス人のシャルル・テリエが肉類冷凍品の輸送に成功すると本格的な冷凍保存が始まりました。のちに、彼は「冷凍の父」と呼ばれています。20世紀では、第一次世界大戦時に食料の輸送や保存の必要性が高まったことから冷凍技術が進歩しました。

日本では、1874年に早くも製氷機が輸入され、氷による魚の低温輸送が行われました。1909年に中原孝太が冷凍魚の製造に成功し、そののち葛原猪平が食品事業として北海道で冷凍魚を製造しました。日本初の市販冷凍食品は1931年に大阪の百貨店で販売された「冷凍イチゴ」でした。1955年ごろから本格的な冷凍食品の生産が開始され、その後の技術の進歩や冷凍庫付き冷蔵庫の普及などに伴って発展しました。

冷凍食品市場が急速に拡大した要因には、１９６４年に行われた東京オリンピックの選手村でさまざまな冷凍食品が利用され好評だったことがあります。これをきっかけにホテルやレストランで広く利用されるようになり、２０１３年には日本人１人当たり年間消費量が21・７kgと過去最高を記録しました。

冷凍食品の技術が発達するまでは、冷凍食品の品質が低下することがよくあり、ある一定の年代以上の人にとって冷凍食品はおいしくないというイメージがあるかもしれません。その原因は冷凍食品中の水分にあります。

初期の冷凍食品は「緩慢凍結法」といって、食品をゆっくりと凍らせていました。食品中の水分はマイナス１℃から凍り始め、マイナス５℃でほぼ凍結し、この温度帯を最大氷結晶生成温度帯といいます。この温度帯をゆっくり通ると氷の結晶は大きくなり、食品の組織を傷つけてしまいます。そうなると解凍したときに大量のドリップ（水分）が出てしまい、うま味が流出します。また、歯ざわりの変化や形崩れが起こってしまい品質が低下するのです（図６‐３）。

そこで、今では冷凍食品工場では低温短時間で食品を凍らせています。「急速凍結法」といい、できるだけ短時間で最大氷結晶生成温度帯を通過させることで、氷の結晶を小さくし、組織の損傷を防いでいるのです。そのため、いまでは緩慢凍結のような品質の低下は見られなくなりました。急速凍結に使われている冷凍技術には、冷風を食品に当てて凍結する「送風凍結法」、

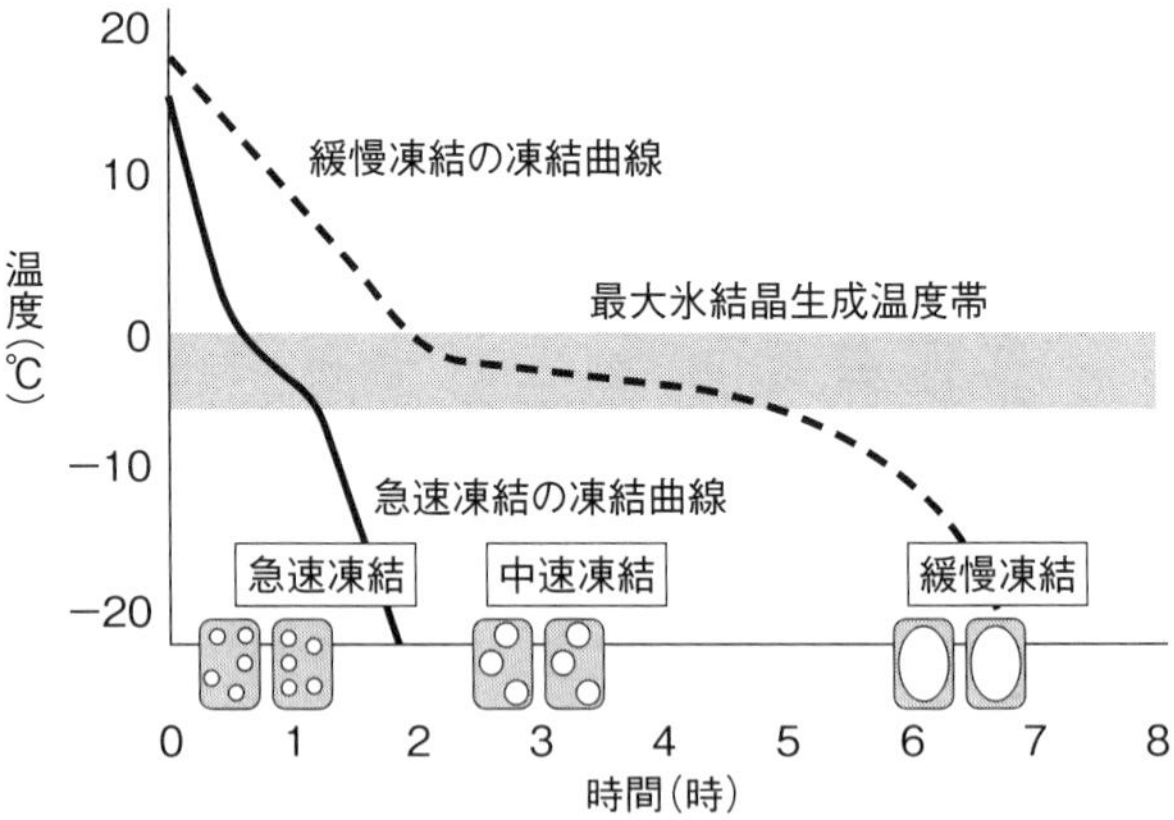

図6-3　**凍結曲線**

最大氷結晶生成温度帯を通過する時間が短いほど、氷結晶の成長は少なく、食品へのダメージは小さい。

冷却した金属板に食品を直接接触させて凍結する「接触凍結法」、食品を冷媒の中に浸漬して凍結する「浸漬ブライン法」、液体窒素などの液化ガスが蒸発するときに得られる超低温の気化潜熱を利用して凍結する「液化ガス凍結法」などがあります。最近では磁場を利用した「CAS凍結」や「プロトン凍結」などの画期的な技術が開発されています（図6－3）。

冷凍食品の品質を低下させるもう一つの要因は冷凍食品を保管している間に起こる「冷凍焼け」と呼ばれる現象です。冷凍焼けによって、冷凍食品が乾燥してパサパサになったり、変色したりします。いくら急速凍結しても、冷凍食品を運搬しているときや、保存しているときに温度が高くなると冷凍食品中の水分の融解や蒸発が起こります。溶けた水分が再び凍ると氷の結晶が大きくなり（再結晶）、品質を低下させます。また、水分が蒸発するのは、固体から気体に変化する「昇華」という現象によるものです。冷凍食品の袋が水蒸気で白くなっている様子を見たことはないでしょうか。これは高温になって冷凍食品中の水分が昇華し、その後、再び低温になったために過剰の水蒸気が霜となって現れるためです。

ちなみに、家庭用の冷凍庫で凍らせた食品の品質が低下しやすいのは、温度が低下するのに時間がかかり緩慢凍結になるためです。また、扉の開閉を繰り返すことが多く、そのたびに温度が上がるため、冷凍食品を保存している間に冷凍焼けが進みやすいのです。

不凍素材が冷凍食品をさらにおいしく

「不凍タンパク質」や「不凍多糖」を加えて、組織内の氷の結晶の生成を抑制するという冷凍技術を、関西大学教授の河原秀久らは開発しました。

不凍タンパク質（antifreeze protein）は1969年、南極にいる魚（ノトセニア）の血液内から発見されました。このタンパク質は凍結するときに氷の内部に生成する氷の単結晶（氷核）に強く結合して氷の結晶の成長を止める機能があります。「不凍」といっても凍らないわけではな

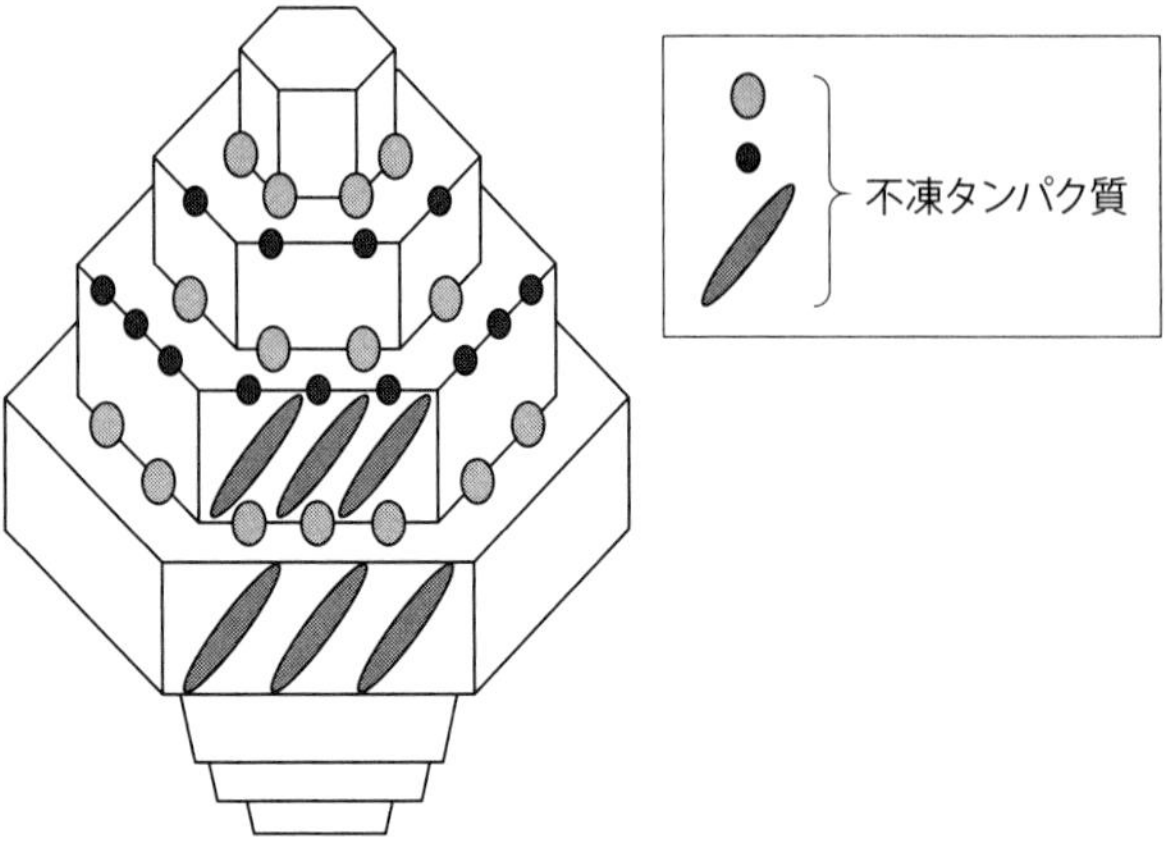

図6-4　氷の結晶の成長を妨げる不凍タンパク質
不凍タンパク質が氷結晶が成長する方向の各面に結合し、水分子の結合を妨げる。

く、凍りにくくする機能があるということです。

南極海の魚類はこのタンパク質によって血液や体液を凍りにくくすることで、凍結から身を守っていることがわかりました。その後、魚類ばかりでなく、軟体動物や植物、昆虫、微生物など寒冷地に生息するさまざまな生物から同じような機能を持つ不凍タンパク質が見つかっています。

不凍タンパク質がなぜ氷の結晶の成長を妨げるのでしょうか。明らかになったそのメカニズムをもう少し詳しく見てみましょう。氷の単結晶は六角形の立体構造（六角柱）をしています。氷結晶は周囲の水分子の結合によって結晶の成長や氷結晶どうしの融合を繰り返して大きくなります。水溶液中で生成した氷

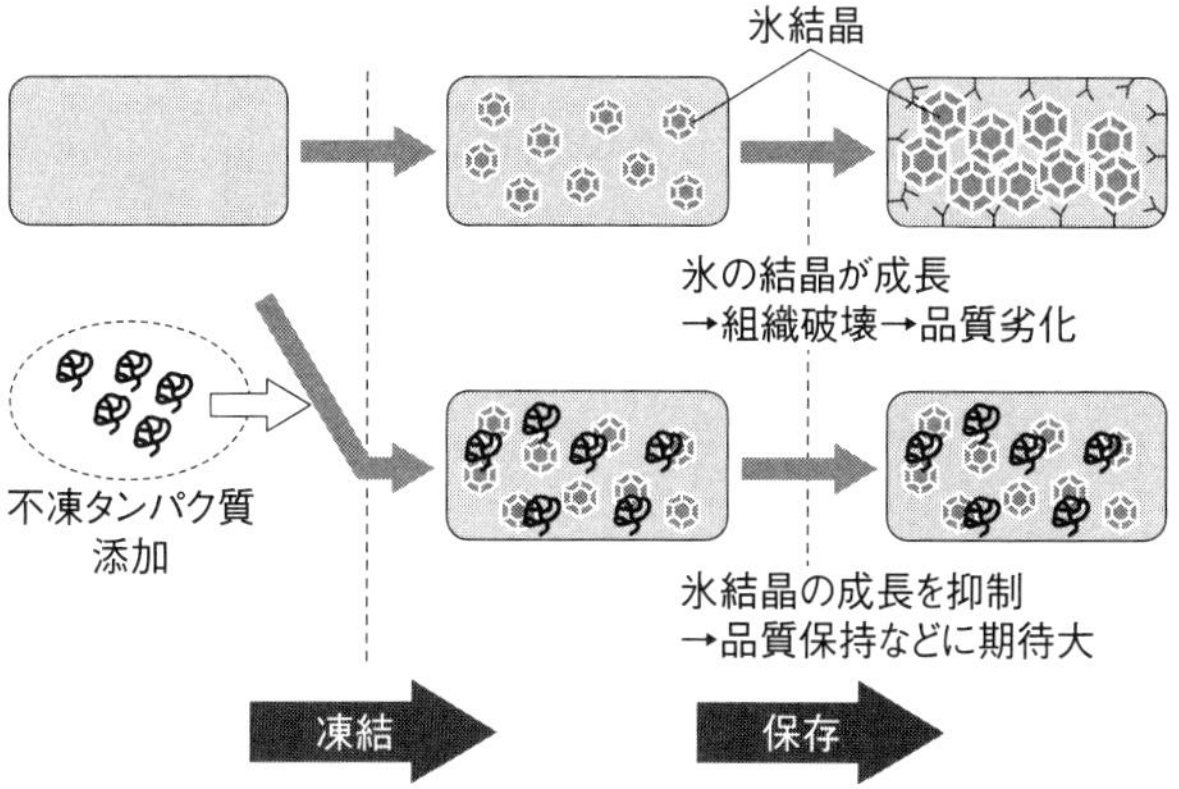

図6-5　不凍タンパク質と氷の結晶
不凍タンパク質は氷結晶の成長を妨げるため、食品が傷つくのを防ぐ。

結晶は円盤状や楕円状に大きくなっていくのですが、それは六角柱の氷の面によって成長速度が異なるためです。

不凍タンパク質は、氷結晶の表面に結合し、水分子の結合を妨げます（図6－4）。すると氷結晶の形状が変わり、多少温度を低下させたとしても氷結晶の大きさはほとんど変化しなくなります。そのため融解温度を変化させることなく、凍結温度のみを低下させることができるのです。また、0～マイナス8℃の温度領域で氷結晶の成長を抑えることができるので、氷の再結晶を抑えることもできます（図6－5）。

河原は、寒い冬の畑でも大根が凍らないことに着目し、カイワレ大根に不凍タンパク質が含まれていることを発見しました。カイワレ大根は大根の発芽したものです。

不凍タンパク質を使えば、冷凍食品の保存中に起こる氷結晶の成長を妨げることができ、品質の低下を防げると考えられてきましたが、それまで見つかっていた南極の魚などを使って不凍タンパク質を実用化するのはあまり現実的ではありません。けれども食経験があり、身近なカイワレ大根ならば、食品に利用するのに適しているし、工業的に安定生産するのも可能です。

そこで、化学メーカーのカネカは、河原らと共同研究を開始し、カイワレ大根のエキスを製品化することに成功しました。食品を加工するときにカイワレ大根エキスを加えると、冷凍時の氷の結晶を微細化するだけでなく、保存時に起こる再結晶化も抑え、冷凍食品の品質を維持します。

さらにエノキタケから不凍多糖も見つかりました。これまでの研究から不凍タンパク質以外にも氷の結晶の成長を抑える物質があることが示唆されていましたが、2009年にアラスカにいる甲虫からキシロマンナン脂質というタンパク質以外の不凍物質が見つかりました。これは、キシロースとマンノースという糖が結合したキシロマンナンという多糖に脂肪酸が結合したものでした。エノキタケは凍結に強いという情報をもとに調べたところ、エノキタケからキシロマンナンが見つかり、さらに氷結晶の成長を抑える効果があることがわかりました。こちらも、河原教授との共同研究で2014年にエノキタケエキスの量産化に成功しました。カイワレ大根エキスは、タンパク質が変性してしまうため熱にはあまり強くないのですが、エノキタケエキスは多糖類で熱や酸に強いという特徴があります。そこで、高温処理が必要な鶏のから揚げや酸性のゼリーや生クリームなどに不凍多糖を使えるようになりました。

カイワレ大根エキスである不凍タンパク質は2012年に大手麺メーカーに採用されたのを皮切りに、本格販売が開始されました。不凍タンパク質は、冷凍したうどんやすしのシャリをやわらかくモチモチとした食感に保つのに威力を発揮します。

エノキタケエキスである不凍多糖も販売が開始され、肉製品や洋菓子、和菓子など用途がどんどん拡がっています。たとえば、ハンバーグに使用すると、肉汁を中に閉じ込める効果がありますそれにより、ジューシーでソフトな食感の製品を作ることができます。前述のデコレーションケーキのクリームやスポンジでは、冷凍保管中の水分昇華を抑制し、表面のひび割れや口溶けの低下を抑えるので、冷凍前のおいしさを保つことができます。また、冷凍和菓子の白玉もち、どら焼き、大福などを、やわらかくモチモチした食感に保つのに、一役買っています。

こうした技術の進化によって、さまざまな冷凍食品が誕生し、いまや冷凍できないものは生卵と生野菜だけといわれるほどになりました。冷凍食品はいわばおいしさを閉じ込めた食品といえます。冷凍は、安い時期に食材や食品を保存しておいたり、クリスマスケーキのような短期間に消費が急増する食品を前もって作って保存したりするのに役立つ技術ですが、冷凍技術の進化でその用途が一層広がります。また、冷凍すれば食品の賞味期限がのびるので、いま問題となっている食品の廃棄を低減することにつながります。いま、世界的に和食ブームですが、冷凍すればおいしいまま食品を輸送できるので、日本の食文化を世界に広げることに役立つと期待されています。

おいしさを計る

おいしさを評価する

同じものを食べても人によっておいしさの感じ方は違います。そのため、おいしさを評価することは難しく、これまでは人の感覚による方法に頼っていましたが、近年では味覚センサーによって客観的に評価できるようになってきました。味覚センサーは商品開発に革命をもたらすばかりでなく、おいしさの新たな知見をもたらしています。

おいしさを構成する要因には味や香りといった食品側の要因に加え、食べる人の生理的要因や心理的要因、さらには食べるときの環境条件などが加わり非常に複雑なことは先に述べました。そのため、食品のおいしさを評価することはとても難しく、食品メーカーなどは食品をさまざまな方法で分析した客観的評価と、食品を食べる人の感覚による主観的な評価を組み合わせています。

食べ物の性質は大きくは「化学的性質」と「物理的性質」に分けることができます。化学的性質は味や香りなどの成分で、食品から抽出し分析できる性質です。たとえば、食品に含まれる水分の状態は食品の保存性や品質に大きく関わっています。そこで、味や香りなどおいしさに関わる成分を調べれば、食品のおいしさの評価につながります。

一方、物理的性質にはかたさや弾力など力学的性質や大きさや温度などが加わります。物理的性質は食べたときの食感として知覚され、おいしさの重要な要素でもあります。しかし、成分そのものを取り出すことができないので分析や評価をすることは困難ですが、さまざまな分析機器が開発され、測定法が工夫されています。

人による評価には官能検査が使われています。官能検査とは、人の感覚を使って食品の品質やおいしさを評価する方法です。官能検査は、化学分析などに比べれば簡単で迅速なのですが、人によって評価に差があり、また同じ人でも常に一定に評価するのは困難です。また数値などで表現することも難しいという問題があります。そこで、訓練を重ねた専門の検査者が適切な方法、環境のもと行います。得られたデータは統計処理して、結果を出します。

また、評価したい食品をなるべく多くの人に食べてもらって、その味や食感などが好ましいかどうかを評価してもらうこともあります。メーカーでは新製品の開発や製品の改良をするためにこのような調査を繰り返し行います。

近年、少子高齢化や単身世帯の増加など社会の変化に伴い食のマーケットが拡大しています。外食やできあいの惣菜の利用が増えるなど、食の簡便化や外部化が進んでいます。それに伴いメーカーはあらゆる世代や地域の嗜好に合わせた製品を開発することが必要になり、たとえばコンビニエンスストアでは地域に合わせておでんのだしや具を変えています。

さらに高齢化を背景に健康志向は高まるばかり。減塩食品や低糖質食品などが次々に発売され、高齢者向けの介護食などの市場も拡大しています。これらの製品は単に健康によいとか栄養があるだけではなく、おいしいことも重要です。

食品メーカーは、こうした消費者のニーズに合わせ、多様なものを作らなければなりません。しかし、いくら優れた感覚を持つ検査の専門家でも多様な味の好みにすべて対応することはできません。官能検査だけではなく、味を計測し、おいしさを客観的にとらえるものさしが必要なのです。味のものさしを実現するために株式会社インテリジェントセンサーテクノロジーは九州大学大学院主幹教授の都甲潔らとともに25年以上かけて味覚センサーを開発してきました。今では、400台以上が研究機関や食品メーカーなどで使われています。味覚センサーは食品中の味成分の強弱を数値化して、味覚を分析する装置です。

味を計ることが可能に

味覚は食べ物に含まれている味物質を認識することで引き起こされる感覚です。複雑で感じ方の個人差が大きいので、客観的な評価は難しいと考えられてきました。これまで化学分析により味を評価する方法も行われてきましたが、味物質の数は膨大で、総合的に味を評価することはできませんでした。また、コーヒーの苦味が砂糖やミルクによって弱まるといった味の相互作用を評価することもできません。味覚センサーはこの味を感じるしくみを再現し、分析します。

ここで、私たちが味を感じるしくみを見てみましょう（16～19ページ参照）。食品には味を感じさせる味物質が含まれています。味覚はこれらの味物質による化学刺激で、甘味、塩味、酸味、苦味、うま味の5種類があります。唾液に溶けた味物質が舌にある味蕾に入り込むと、そこにある味細胞にくっつきます。すると味受容体の電位が変化し、それがシグナルとして脳に伝えられます。電位の変化やシグナルの伝達の仕方は味の種類により異なります。

味覚センサーは、ヒトの生体膜を模した人工の脂質膜を作り、電極に貼り付けたものです。セ

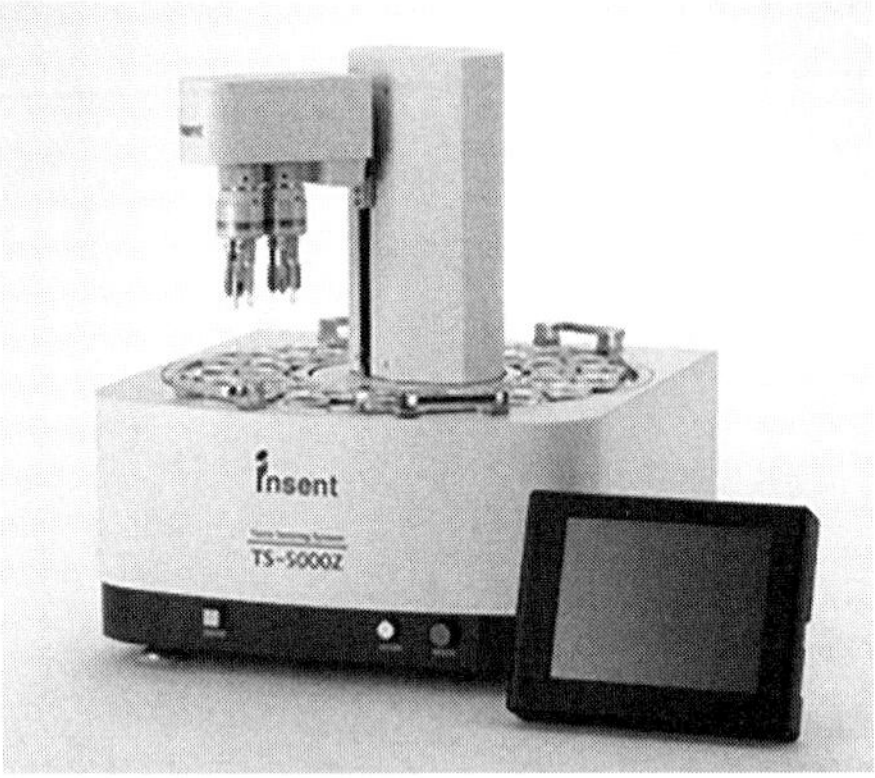

図6-6　**味覚を測定する機械**

（p190-191、写真提供：インテリジェントセンサーテクノロジー）

ンサーを味溶液に浸した後、膜で起こる電位の変化量で味を感知します。いわば「人工の舌」で、膜と味物質の相互作用で分析します。

ただし味物質は、数千種類もあるため、その個々の物質に応答するセンサーで分析することはできません。そこで、類似した味に応答する6種類（塩味、酸味、甘味、苦味、うま味、渋味）のセンサーを作りました。これらのセンサーは味物質と相互作用することで膜電位が増減します。その変化が出力され、コンピューターに検知されます（図6－6、6－7）。先に述べたように、味物質の感じ方（閾値）は味の種類によって異なり、私たちは酸味や苦味に敏感です。すなわち、酸味や苦味は非常に低濃度でも感じることができ、一方、塩味や甘味、うま味は高濃度で感じます。また、苦味物質は疎水性が強く、酸味物質や塩味物質は親水性が強いという特

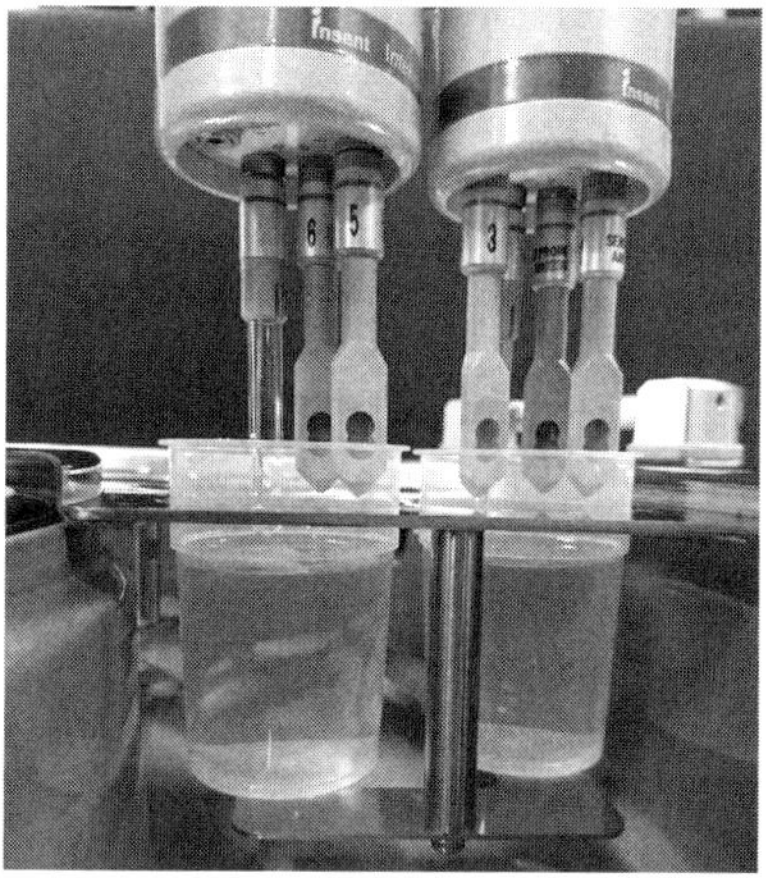

図6-7　味覚センサーのセンサー部分

徴があることから、都甲らはこれらの特徴を組み合わせると味を分類できることに気が付きました。そして、分類した特徴に合わせて人工脂質膜の性質を調節することで、味物質のくっつきやすさを変えることができるようになりました。

さらに、１つのセンサーから「先味」と「後味」の２種類の情報を検知する方法を開発しました。先味は食べたときに感じる味、後味は食べ物を飲み込んだあとに口の中に残る味に相当します。

まず、センサーを試料に浸し、電位の変化を測定すると酸味、うま味、苦味・雑味、塩味の先味を測定します。さらに、センサーを洗浄後、ヒトの唾液に相当する基準液に浸して電位を測定すると後味が測定できます。センサーに味物質がまだ

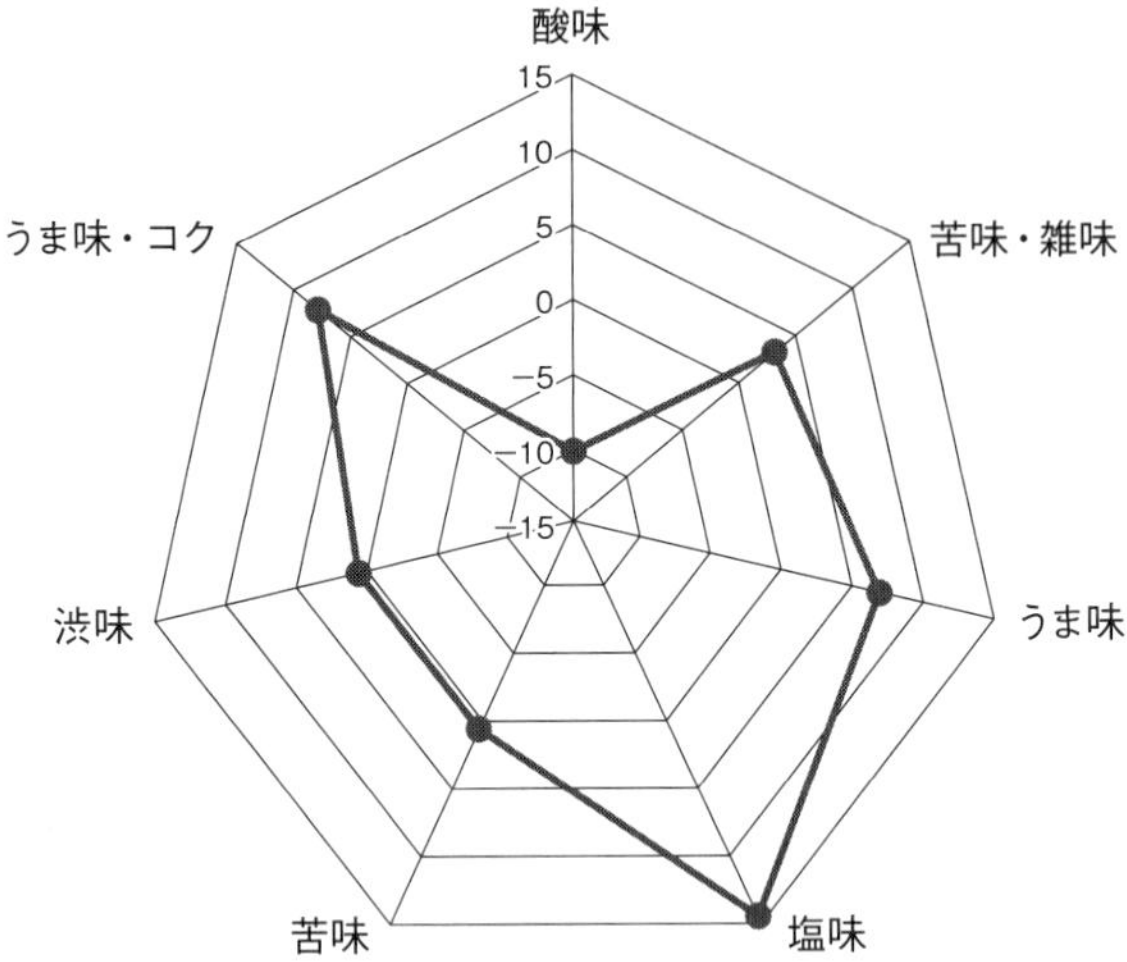

図6-8　味覚センサーによるしょうゆのデータ

酸味、苦味・雑味、うま味、塩味は先味。うま味・コク、渋味、苦味が後味。後味を測定することで、味の質の違いを評価できる。たとえば、後味の苦みが少ないほどキレがよい。

くっついていれば、電位は変化するためです。こうして得られた2種類の情報から複雑な味わいを評価できるようになりました。私たちは「コクがある」とか「キレがある」というように味を表現します。これらの味がどんな味なのかは科学的な定義はありませんが、コクは、口の中でうま味が持続すること、キレがあるとは味が消えるスピードが速いこととらえることができます。たとえばビールでは、苦味の後味が少ないほどキレがあると感じます。

味覚センサーでは、味の相互作用も分析できることがわかりました。ミルクでコーヒーの苦味が弱まるのは、ミルクが膜の表面に吸着して苦味物質がくっつきにくくなるためで、このことも味覚センサーで示されました。さらに、苦味が弱まる機構がいくつかあることがわかりました。

こうして得られたさまざまな数値データをグラフにすることで食品の味の特徴を表現することができるようになりました（図6－8）。この結果が食品開発に応用されています。

味覚センサーを使って味を設計

これまでは食品メーカーは人の評価を頼りに味を決め、製品を開発してきましたが、それには手間もコストもかかります。もちろん官能検査は必要ですが、味覚センサーで目標とする味を数値化すれば、それを指標にすればよいので開発にかける時間やコストを削減できます。

アレルギー対応ケーキや糖尿病患者向けの糖質カットスイーツは、小麦粉や砂糖、卵など本来の材料を使わずに通常品と同様の味わいが実現されています。これらの製品は通常品と材料が全く違うので、これまでの製造の経験や勘を生かして開発することは困難です。そこで、味覚センサーで測定した通常品の味と比較しながら試作が行われました。

コーヒーの開発にも味覚センサーが使われています。まずは専門家や開発担当者がコーヒーの味を決め、その味をセンサーで測定します。またコーヒー豆の種類や豆の焙煎具合などを変えたときのコーヒーの味も測定し、データベース化しておきます。必ずしもいつも同じコーヒー豆を使えるとは限りませんが、豆の種類が変わっても、データがあればそれをもとに同じ味になるように味を調整できるというわけです。

味覚センサーの測定値を商品売上データや消費者情報とともに解析すると、嗜好性に年齢や地域による差があることが示されました。たとえばレギュラーコーヒーでは、熟年層は酸味の強いタイプを好み、若年層は苦味の強いタイプを好むことがわかりました。若者はスターバックスに代表される苦味タイプに慣れており、一方熟年は、喫茶店での酸味を楽しむコーヒーに慣れていると業界では推定されています。また、麺のだしでは、関東ではコクが強いタイプが好まれるが、さぬきうどんをよく食べる地域ではうま味の強いタイプが好まれることがわかりました。これらの結果は、味の好みは年代や地域により差があり、自分がおいしいと思ったものが必ずしも受け入れられるとは限らないことを示しています。

このような味覚センサーのデータを使えば、消費者の多様なニーズを絞り込んだり、ターゲットに合わせて味を設計したりすることができます。工業製品などの開発では製品のシミュレーションは当たり前に行われていますが、食品開発ではまだ行われていません。味覚センサーがあればシミュレーションが可能になるかもしれません。

味が客観的に示されれば、私たちが製品を購入する際にも役に立ちます。あるワインの通販サイトには味覚センサーの分析値のグラフをソムリエのコメントとともに掲載しています。グラフの形を比べればワインの味の違いが一目でわかるので、好みのワインを探すには自分の好きな銘柄とグラフの形が似たものを、違う味わいのものを楽しみたければグラフの形の異なるものを選べばよいのです。

また、島根県では名産品のパンフレットに味覚センサーのデータを掲載して、製品の特徴を紹介しています。客観的なデータがあると、製品の特長や製品の味を効果的に伝えることができます。

味覚センサーの測定から食べ物の組み合わせの新しい知見も得られています。「肉料理には赤ワインが合う」とよくいわれます。その理由は、赤ワインの渋味は肉のうま味を洗い流す効果があるために、肉をおいしく食べ続けることができるからだとわかりました。また、日本酒は白ワインよりチーズのうま味の余韻を多く残すことが明らかになり、日本酒とチーズの相性がよいことがわかりました。また、酒類総合研究所では、イカのするめも白ワインより日本酒と相性がよいことがデータとして示されました。

そこで、広島県食品工業技術センターでは地域特産品である「お好み焼」「焼きがき」「カキフライ」「もみじ饅頭」に合う日本酒の開発にも活用されています。

こうした食べ合わせを味覚センサーで検証していくと、相性のよい食べ物の組み合わせのパターンがわかってきました。食べ物の味わいを分類していき、同じパターンの組み合わせや補完し合うパターンの組み合わせの食べ物は相性がよいのです。すると、塩鮭と酸味の強いコーヒーの相性がよいという意外な組み合わせが見つかりました。

味物質の種類は多く、食べ方により組み合わせもさまざまなので高精度な測定にはまだ改良が必要ですが、複雑な味を客観的に評価できるようになったのは大きな進歩です。その成果は製品開発に応用できるばかりでなく、味覚の理解にもつながってきました。近年、味覚の生理的な解明も進んでおり、その知見とあわせて味覚センサーがさらに発展していくに違いありません。

おいしさを包む技術

プラスチックフィルムの包装技術が向上

生鮮物や惣菜など、食べ物には品質が低下しやすいものがたくさんあります。それにもかかわらず、いつでもおいしい食べ物がふんだんに手に入るのは、実は食品の包装技術の進歩によるところが大きいのです。また、日本全国のみならず世界中から食品の品質を保持したまま運んでこられるのも、包装のおかげです。ここでは日々進化する包装技術がおいしさとどのように関わるのかを紹介します。

スーパーマーケットやコンビニエンスストアに並んでいる食品はみな袋やトレイなどで包装されています。一見無駄と思われるような包装も、食品の劣化を防ぎ、おいしく食べることができるために威力を発揮しています。

保管している間に食品はどんどん劣化していきます。たとえば、細菌やカビが混入したり、増殖したりすることによって食品は腐敗します。光や酸素で食品の成分が化学変化して風味は落ちます。また湿度の高い日本では、空気中の水分によって食べ物がしけることも頻繁に起こります。包装はこうした品質を低下させる要因から食品を守るばかりでなく、食品を運ぶのにも重要な役割をしています。

古くは木の葉や竹の皮などで食品を包んでいたことが知られます。19世紀に瓶詰や缶詰が発明され、食品の包装技術が発達しました。食べ物は腐りやすいので、塩漬けや干物などの方法で加工して保存するなど工夫されました。包装により食品を食感や味を損なわずに長期間保存する方法はフランスの料理人ニコラ・アペールによって1804年に発明されました。この発明にはフランス革命とナポレオンが関わっています。フランスの兵士の食料を確保するために食品の貯蔵法を募集したところ、当選したのがニコラ・アペールの食品をびんに詰めてコルクの栓をして、加熱殺菌する方法です。つまり瓶詰が発明されたわけですが、のち1810年にイギリスのピーター・デュランドが同じ方法の特許を取得し、さらにこの特許を譲り受けたブライアン・ドンキンがブリキ缶の容器を使った缶詰を発明しました。日本では1871年に松田雅典がいわしの油漬けの缶詰をつくったのが初めだといわれています。

カレーやハンバーグなどの、レトルト食品は、お湯に入れて温めるだけで、手軽にカレーやシチューが食べられ、忙しい現代人に重宝です。実は、これは缶詰や瓶詰と保存する技術の原理は同じで、食品を容器に詰め、レトルト（高圧釜）で加熱殺菌をしたものです。レトルトパウチと呼ばれる袋に詰められるので、レトルトパウチ食品あるいはレトルト食品と呼ばれるようになりました。長期間保存できるばかりでなく、袋なので運んだり、貯蔵したりする場合も場所をとらず便利です。

レトルト食品は１９５８年にアメリカで缶詰にかわる軍隊食料として開発されました。一般食品として商品化されたのは、１９６８年のこと。日本の大塚化学のカレーが初めてです。１９７０年にはレトルトライスが、１９７２年にはレトルトハンバーグが商品化されました。

レトルト食品を生み出したきっかけは、耐熱性を高めた複合フィルムが開発されたことによります。熱に強い瓶や缶を使わなくてもプラスチックフィルムの袋で食品を高温殺菌できるようになり、缶詰や瓶詰と同じように保存できるようになりました。

食品包装用プラスチックフィルムとは、ポリエチレンやポリプロピレン、ポリ塩化ビニルなど性質の異なるプラスチックフィルムを貼り合わせたものです。複合フィルムにすることで、それぞれのプラスチックの機能を同時に発揮させることができるので、単独のプラスチックより機能が格段に向上します。この食品包装用プラスチックフィルムの登場により、食品の包装技術は大きく向上しました。

レトルトパウチに使われたのは耐熱性のプラスチックフィルムですが、１９７０年代半ばに水蒸気や酸素などのガス透過を防ぐ機能を備えたガスバリアフィルムが開発され、ポテトチップスの袋に使われました。これらをきっかけに、ものを包む、運ぶためというよりは、食品の劣化を防ぐ、品質を保つという目的での技術開発がさかんになりました。

5種類の貼り合わせでいつでもパリパリ

ポテトチップスのおいしさは、なにより薄くてパリパリとした食感にありますが、この食感は湿気ですぐに失われてしまいます。そのうえ、油で揚げているので、油分が酸化しやすく、酸化すれば、においや味ばかりでなく、色も変化してしまいます。ポテトチップスは身近な食べ物ですが、実は風味が劣化しやすい繊細な食べ物なのです。それにもかかわらず購入したポテトチップスの品質がいつでも保たれているのはなぜでしょう。しかも、乱暴に扱わないかぎり、割れて粉々になっていることもありません。

ポテトチップスを入れている袋は、劣化を引き起こす湿気（水蒸気）や酸素、さらに光からも中身を守るという優れもの。一見アルミの袋のようですが、性質の異なる5種類ほどのプラスチックフィルムを貼り合わせたものです（図6－9）。

プラスチックには多くの種類がありそれぞれに長所や短所がありますが、貼り合わせることで

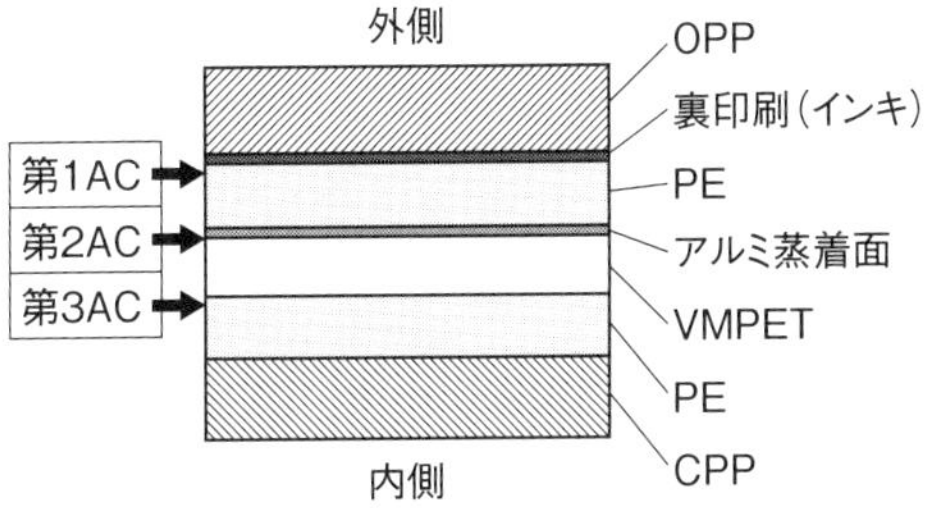

OPP、CPP：ポリプロピレン　　PE：ポリエチレン
VMPET：アルミを蒸着したPETフィルム
AC：アンカーコート（フィルムの接着性を高めるためのコート剤）

図6-9　**ポテトチップスに使われる5層フィルム**

長所を付加していくことができます。フィルムは役割によって、外層用、内装用、中間層用に区分されています。製品の外側になる外層は商品名などを印刷するベースフィルム、内層には袋状にするため熱で接着しやすいシーラントフィルム、ベースフィルムとシーラントフィルムにサンドイッチされた中間層には湿気や酸素から中身を守るバリアフィルムが使われています。

バリアフィルム層には酸素や水蒸気の侵入しにくいフィルムや、光を遮断するアルミ蒸着フィルムなどが使われています。アルミ蒸着フィルムとは、プラスチックの表面にアルミニウムを付着させたもので、これにより光も遮断できるという画期的な技術です。さらには、酸素吸収材を用いたフィルムなども開発されていて、酸素の侵入防止機能を高めています。高機能なフィルムを組み合わせることでプラスチックフィルムのハイバリア化が進んでいます。プラスチックフィルムの袋は、鎧を着るがごとく、劣化の原因から食品を守っているのです。

いくら外から酸素の侵入を防いでも、袋の中にほんの少しでも酸素が残っていれば、中身が酸化する可能性があります。そこで、袋に中身を詰める際には、容器内の空気を窒素ガスで置き換え、酸素を追い出しています。このような包装の方法を「ガス置換包装」といいます。窒素は、空気中の78％（体積比）を占めているガス。無味、無臭、無色でほとんど反応性のない不活性ガスであり、食品や健康に影響を与えることはもちろんありません。

ポテトチップスが店頭に並んでいるとき、袋がパンパンに膨れているのはガス置換しているためなのです。また、窒素ガスがクッションになって壊れやすいポテトチップスの破損も防いでいます。この包装技術はポテトチップスばかりでなく、さまざまなスナック菓子に使われています。

1930年代に欧米で生肉の保存に炭酸ガスを使う研究が始められ、1960年代から生鮮サケやヒラメ、燻製品などの包装にガス置換包装が利用されています。日本では、乳児用のドライミルク缶の品質保持に窒素ガスが使われたのが最初です。乳製品や食肉加工品、ピーナツ、削り節などをプラスチック包装材を使ってガス置換包装するようになりました。

たとえば、削り節やコーヒーの袋をあけたときふわっと香りがただようのも、日本茶の鮮やかな緑が保たれているのもガス置換包装のおかげです。こうした削り節や、コーヒー、日本茶、またナッツ類などの酸化や変色の防止、香りの保持には窒素ガスが使われます。炭酸ガスは微生物の増殖防止や防虫効果があるので、生肉や和洋菓子、豆類、穀類などのカビや腐敗防止の目的で使われています。ビールも成分が酸化し、風味が劣化しやすいので、びんや缶に詰めるときに酸化を防ぐため炭酸ガスや窒素ガスを使ったガス置換法が用いられています。

呼吸する野菜や果物に透過性で対応

野菜や果物をおいしく食べることができるのも食品包装用フィルムのおかげです。ただし、使われているのはポテトチップスの袋に使われているガスバリアフィルムではなく、ガス透過性を利用した鮮度保持フィルムです。このフィルムのおかげで、果物や野菜の鮮度が保持される期間が飛躍的に延びています。

野菜や果物などの鮮度が低下するのは、収穫後も呼吸をしているためです。呼吸をしている間に水分が蒸発してしなびていき、また成長を続けるため、葉が黄色くなったり、実がやわらかくなったりしてやがて腐敗してしまうのです。

野菜や果物を低温に保存するのは、そうした生理作用を抑えるためですが、さらに低酸素、高炭酸ガスの条件における呼吸は抑えられ、品質を保持できることが知られています。けれども、野菜や果物の種類により最適なガス条件は異なっており、貯蔵庫内のガス濃度を保つのは非常に難しいことでした。このガス条件を手軽に実現させたのが鮮度保持フィルムでした。

ポリエチレンやポリスチレンにはガス透過性があり、その性質が鮮度保持フィルムに使われています。包装された内部の空気は野菜や果物の呼吸作用によって、酸素が減る一方、二酸化炭素が増えますが、フィルムに通気性があるので無制限に増えることはありません。フィルムの種類や厚さ、穴の有無などによって通気性の差があるので適当なフィルムを選べば、外気からの酸素量と呼吸による二酸化炭素の量をコントロールでき、鮮度を保持することができます。この方法を「MA（modified atmosphere）包装」あるいは「MA貯蔵」といいます。

そこで、野菜や果物の種類に合わせてさまざまな種類の鮮度保持フィルムが開発されています。たとえば、枝豆専用の袋があります。枝豆は冷凍品が多く出回っていますが、夏には旬の生の枝豆をゆでて独特の甘味や香りを楽しみたいものです。しかし、枝豆は、鮮度が低下しやすく、時間とともに黒ずみ、味が落ちてしまいます。そこで早朝に収穫し、出荷していますが、それでも流通過程で劣化してしまい、廃棄される枝豆もずいぶんあったといいます。現在は、この鮮度保持フィルムの袋に枝豆を入れ、冷却することで鮮度が保持できるようになりました。また、そのまま電子レンジで調理できるタイプの袋もあり、生の枝豆が手軽に楽しめるようになっています。カット野菜や果物も変色せず、鮮度を長期間保つことができるようになったのはこうした鮮度保持フィルムや適切な温度管理などの技術によるものです。

ここにあげた例はほんの一部で、包装技術はさまざまなシーンで私たちの食生活を支えています。近頃は密封できるけれど開封しやすい、食品が付着しにくいなど簡便性を高めたものや環境に配慮した素材などが次々に開発され、技術は進化しています。おいしさはこうした技術にも支えられているのです。

第7章

おいしさを感じる脳と味細胞のしくみ

おいしさを感じる、脳の連係プレー

これまで、食べ物の面からおいしさについて述べてきました。おいしさは、食べ物のみならず、食べる人や食べるときの状況も関わる、複雑な感覚です。なぜこんなに複雑なのでしょう。この章では、私たちがおいしさをどのように感じているのか、そのしくみを探ります。

「おいしさ」とは食品を摂取したときに脳で引き起こされる感覚です。私たちはおいしさを感じることで、食べ続けることができ、生命を維持できるのです。脳ではさまざまな部位に情報が伝わり、おいしいという感覚を生み出しています。

脳には末梢組織から体内の情報に加え、内臓の感覚や味覚や嗅覚で知覚された食べ物の情報が入ってきます。これらの情報は神経回路を介して伝えられます。脳では、さらに過去の記憶などもあわせてこれらの情報を統合し、処理しています。

脳は大きく、大脳皮質、大脳辺縁系、小脳、脳幹に分けることができます。さらにさまざまな領域に分かれ、各々の役割を果たすことで膨大な情報を処理しています。おいしさにおもに関わるのは思考の脳といわれ大脳の外側を覆う「大脳皮質」と、本能（情動）の脳といわれ大脳の中心、深くにある「大脳辺縁系」です。

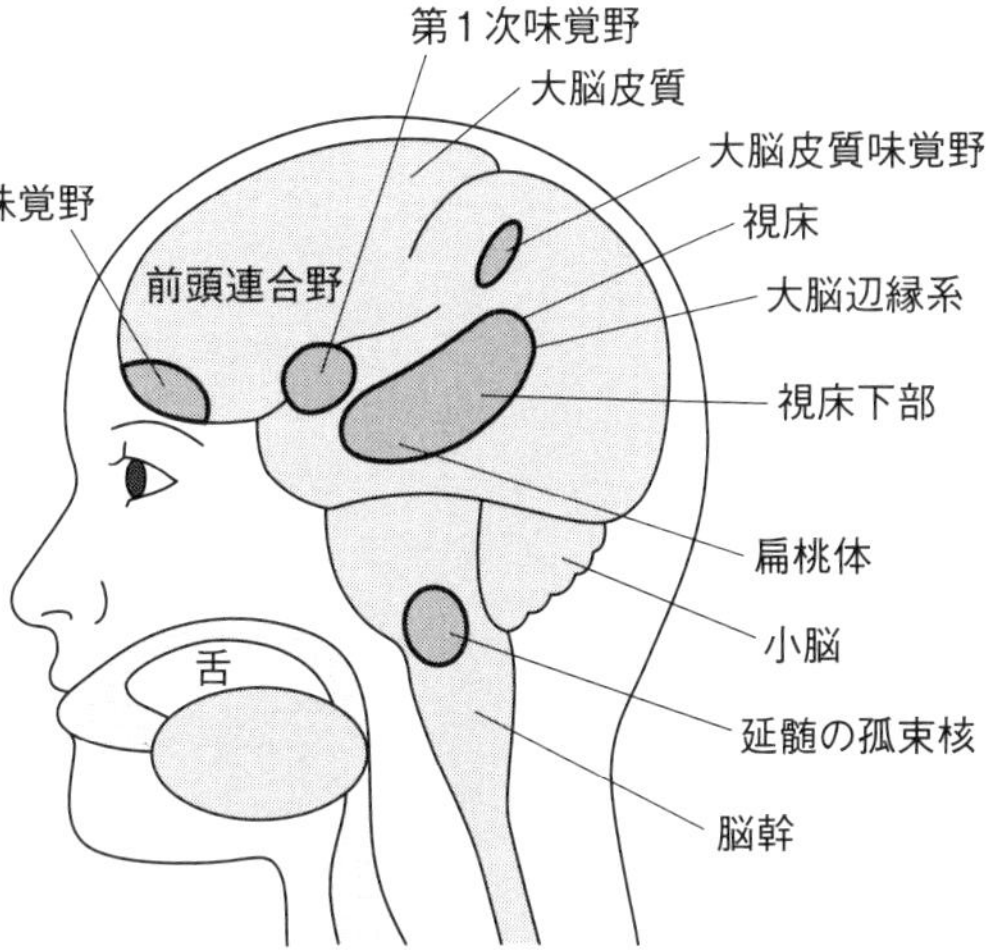

図7-1　おいしさの情報処理を行う脳領域

大脳皮質には、感覚情報を受け取る感覚野があり、視覚野や聴覚野、味覚野など機能によって領域が分かれています。情報を直接受け取る感覚野を１次感覚野といい、その近くには２次、３次感覚野があり、感覚情報を統合していると考えられています。

大脳辺縁系は、帯状回や海馬、扁桃体、視床下部など複数の領域があります。海馬は記憶に、扁桃体は情動、視床下部は食欲や睡眠などの制御に関わります。

食べ物を食べると、このようなさまざまな脳の各部分に情報が次々と伝えられます。味の情報は舌などの味覚神経によってまず延髄の孤束核に入ります。そこから視床を通って、第１次味覚野（大脳皮質味覚野）に伝わり、味の質や強さを判断します。さらに第2次味覚野（大脳皮質前頭連合野）に伝わります（図7－1）。

味以外の色や形などの外観、香りや温度、歯応えなどの視覚や聴覚などによる食べ物の情報は、それぞれの受容器で知覚され、大脳皮質のそれぞれの感覚野に伝わります。さらにこれらの情報は大脳皮質連合野に伝わります。

第2次味覚野では、味覚情報に加え、視覚、聴覚などの情報も統合され、食物が認知されるとともに、好き嫌いなどが判断されます。味覚などの五感による情報と内臓感覚の情報は、さらに扁桃体へと伝わります。ここでは大脳辺縁系や大脳皮質連合野とも連携して過去の記憶や情報と照らし合わせて、食べていいかどうか（快か不快か）を判断します。扁桃体からの情報はさらに視床下部へ伝わります。食べていいと判断された場合は、視床下部の摂食中枢が刺激され食べ続けますが、そうでない場合は食べるのをやめます。

好きなものやおいしいものを食べると、脳内にある報酬系という神経回路（後述）の活動が活発になって楽しくなり、もっと食べたくなります。このように脳のいろいろな領域に情報が次々に伝わり連係プレーが行われることで、おいしさを感じるとともに、食行動が決まります。

空腹は最高の調味料

脳にはあらゆる情報が伝えられていますが、食行動を決めるための情報処理を担うシステムには恒常性（ホメオスタシス）と脳内報酬系があります。恒常性とは生体の状態を一定のレベルに保つ生命現象です。体温や血圧、血糖値などある程度の変化はあっても一定の幅に収まっているのは恒常性の働きによるものです。体重が一定に保たれるのも恒常性の一つ。体重は摂取エネルギーと消費エネルギーのバランスの調節の情報なのです。体重を一定に保つことで、エネルギーのバランスを維持することができるのです。生物は、ホメオスタシスの働きによって生命を維持しています。

生命を維持し、体重を一定に保つためにはエネルギー源になる栄養素を摂取しなければなりません。そのためのコントロールは、間脳にある視床下部で行われています。これは、間脳の一部で、視床の下側にあり、脳下垂体につながる部分です。自律神経系の中枢で、体温や物質代謝の調節、睡眠、生殖など、生命維持に最も重要な統御機能を持ちます。ここには摂食中枢や満腹中枢があり、食欲をコントロールしています。

脳にはホルモンなどを介して体内の栄養状態が伝えられています。栄養素が不足しているとあれば、脳の摂食中枢が作用し、空腹を感じます。私たちは栄養素の状態を実感することはできませんが、脳がちゃんと感知していて「そろそろ栄養分を補給しなくてはならない」ということを空腹感によって知らせてくれているのです。すると何か食べようと私たちは行動を起こします。

エネルギーのもとになる糖分の甘味やタンパク質のもとになるアミノ酸の味であるうま味など体に必要な味は本能的においしく感じます。近年の研究によれば、食欲を促すホルモンは、甘味や香りに対する感受性を高めていると示唆されています。つまり空腹であればよりおいしさを感じるということ。空腹は最高の調味料などといわれる所以です。

空腹を感じたとき、においや色などの食べ物の情報が加わるといっそう食欲を刺激します。これは、脳が過去の食べた体験や食べて快感だったことを思い出させているからです。目の前の食べ物をおいしそうに感じることはそれを食べるかどうか、何を食べるかを決める大切な手掛かりになります。そして食べ物を口に入れたとき、食べ物の情報は体内の情報と統合され、おいしく感じます。おいしく感じることが食べ続けてよいという合図になり、摂食中枢を刺激します。

おいしさには脳内で放出される神経伝達物質が働くことが知られています。神経伝達物質とは、ニューロンの軸索末端から分泌され、神経細胞や筋肉細胞に興奮や抑制の作用を引き起こす化学物質のことをいいます。その一種であるオピオイド（脳内麻薬様物質）は交感神経が興奮すると放出され、βエンドルフィンが代表的な物質です。麻薬様物質といわれるのはアヘンなど麻薬とよく似た構造をしており、大量に分泌されると強い鎮痛作用や幸福感をもたらすからです。

おいしいという快感はβエンドルフィンに加え、同じく麻薬様物質であるアナンダマイドを放出させます。この2つの物質が協調して作用することが、いっそうおいしく感じさせ、食べることを促していると考えられています。神経伝達物質が放出されることで、持続したおいしさや満足感が生じ、食べ続けることができるのです。

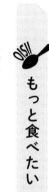

もっと食べたい

おなかがすいていなくても、好物があると食べてしまう、ダイエット中なのについ食べてしまって後悔した、なんて覚えはだれにでもあるでしょう。おいしさの情報は脳内報酬系に送られ、もっと食べたいという欲求を生じさせます。このとき主に働くのはドーパミンという神経伝達物質です。

人を含めて動物は、本能的に感じる「気持ちよい」とか「快感」が重要な行動の動機づけになります。このような快感のしくみを脳内報酬系といいます。欲求が満たされたり、満たされることがわかったりしたときに活性化し、脳に快感を与える経路です。中脳にある腹側被蓋野を出発点とし、側坐核や前頭前野などに投射されるA10神経系（中脳皮質ドーパミン作動性神経系）という神経系が脳の快楽を誘導する「脳内報酬系」の経路として知られています。

脳内報酬系は食行動を決める重要なシステムで、味覚の学習記憶とも関係があります。食べておいしいと感じたことを脳は覚えています。食べ物を口に入れたときおいしいと感じれば、これは食べてもいいのだと判断し、食べ物を飲み込むという反射行動が起こります。さらにもっと食べようと次の行動を引き起こします。

また、脳は自分の好きなものを見ただけでドーパミンを放出し、食欲をかきたてます。一口食べると報酬系はさらに活性化されます。おなかがいっぱいでもつい好物を食べてしまうのは、この報酬系によるものです。

食べることとは、「食べたい」から「食べる」、「おいしい」から「もっと食べる」のループの繰り返しなのです。もしも食べることが苦痛だったら食べ続けることができず、生命を維持できません。そのため、おいしさという快感が与えられているのです。先に述べた恒常性の維持機構と脳内報酬系は互いに複雑に関連しながら、私たちの食行動をコントロールしています。

分子レベルで明らかになった、味細胞のしくみ

味覚はおいしさの大きな要因です。甘い、酸っぱいといった味はどうして感じるのでしょう

か。近年、分子レベルのメカニズムが明らかになってきました。

食べ物の味は甘味、塩味、酸味、苦味、うま味の5つの基本味で構成され、それぞれの味は栄養学的なシグナルであることは先に述べました。

口の中で食べ物が咀嚼されると、食品の組織が破壊され、唾液と混ざると、分子やイオンが溶出します。これら食品に含まれる化学物質（味物質）が舌にある味蕾で感知されると味を感じます。味蕾は舌表面にあるざらざらした突起のくぼみにたくさん分布し、つぼみのような形をしています。味蕾は舌以外にも軟口蓋（上顎ののどの奥の部分）や頬の内側にもあります（図7－2）。食べ物や飲み物に含まれる化学物質（味物質）を感知すると、電気信号となって脳に伝わり、甘味や酸味、塩味などの味を感じます。

少し前までは、甘味は舌の先端で、苦味は舌の奥でなど、味は舌の異なる領域で感じる「味覚地図」が信じられてきました。これは1901年に発表された論文をもとにした説です。現在では、一つの味蕾ですべての基本味を感知するというしくみが明らかになっています。

そのきっかけになったのが、2000年に味物質を検出する受容体が同定されたことです。受容体とは細胞膜や細胞内にあり、ホルモンや化学物質などと結合して細胞内に反応を起こすタンパク質のことをいいます。それ以来、味覚のメカニズムの解明が急速に進んでいます。

まず味蕾の構造を見てみましょう。味蕾には50～100個の味細胞が集まっており、紡錘型の

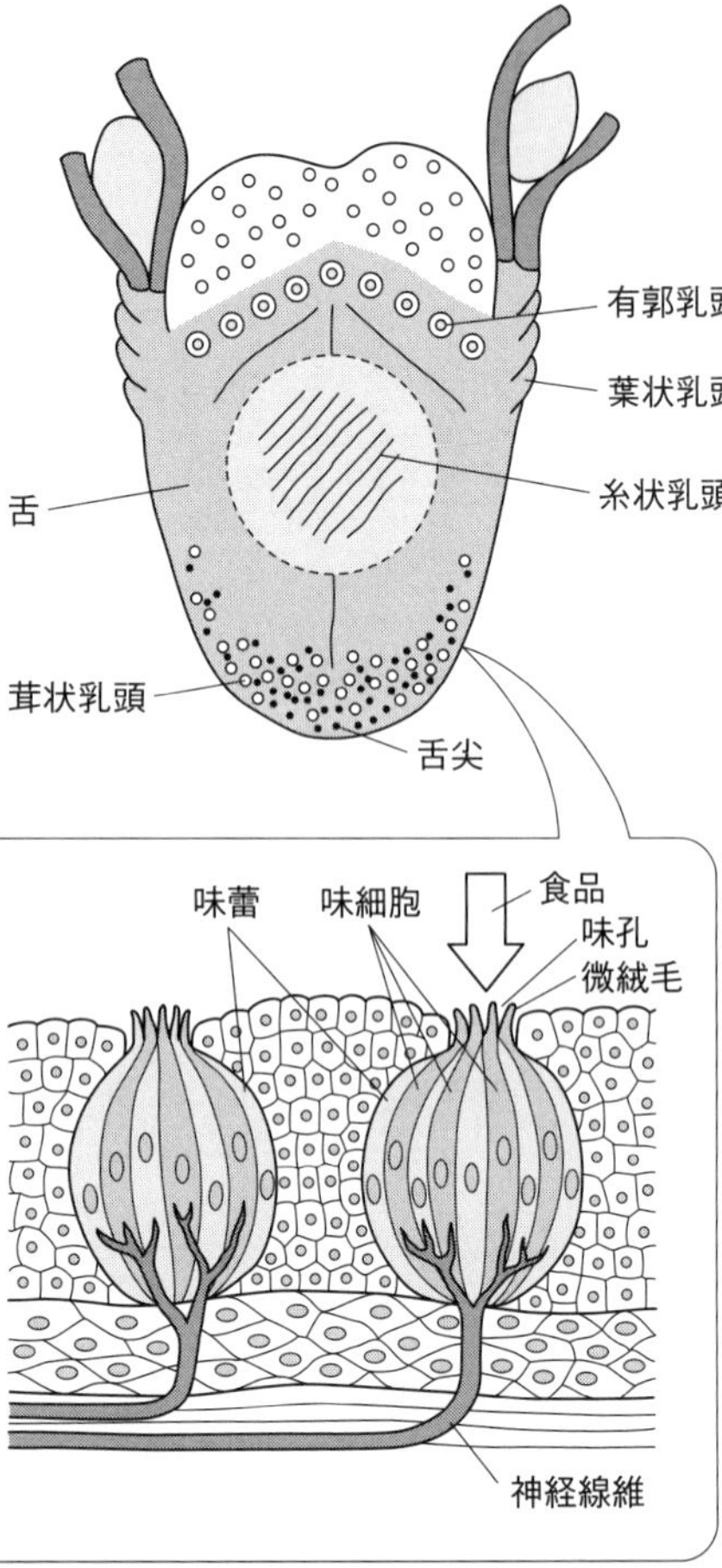

図7-2　**味情報を伝える突起と味蕾**

味細胞は一方の端を舌の表面に伸ばして味物質を受容し、もう一方の端で神経につながり味情報を脳に伝えています。味細胞は解剖学的な特徴からⅠ～Ⅲ型およびⅣ型（基底細胞）に分けられます。味の受容に関わるのはⅠ～Ⅲ型で、５つの基本味はそれぞれ別の味細胞で受容されています。

Ⅰ型はⅡ～Ⅳ型の細胞の束を包んだり、仕切ったりする役割をしており、塩味の受容に関与すると考えられています。Ⅱ型は細長い細胞で甘味、苦味、うま味を受容します。Ⅲ型は酸味の受容に関わると考えられており、味覚神経とシナプスを形成します。Ⅳ型は味蕾の下部に少数ある細胞で、Ⅰ～Ⅲ型の細胞に分化する前駆細胞であると考えられています。味細胞の寿命は２週間ほどで、基底細胞が味細胞に分化しながら次々に新しい細胞に入れ替わっています。味覚は食べ物の情報を感知する重要な感覚ですから、常に新しい細胞でいることが必要なのです。

味細胞の表面には受容体があり、異なる受容体が異なる味物質を受容することで味を区別しています。ヒトでは甘味やうま味に対する受容体はそれぞれわずか1種類ですが、苦味に対する受容体は25種類も見つかっています。塩味や酸味に対する受容体も複数あると考えられています。

味を受容するしくみをもう少し詳しく見てみましょう。甘味やうま味の受容体の分子はＴ１Ｒファミリーと呼ばれる分子グループに分類されています。甘味物質の受容に関わる分子はＴ１Ｒ２とＴ１Ｒ３があり、この２つの分子が組み合わさって甘味受容体を作っています（図７-３）。

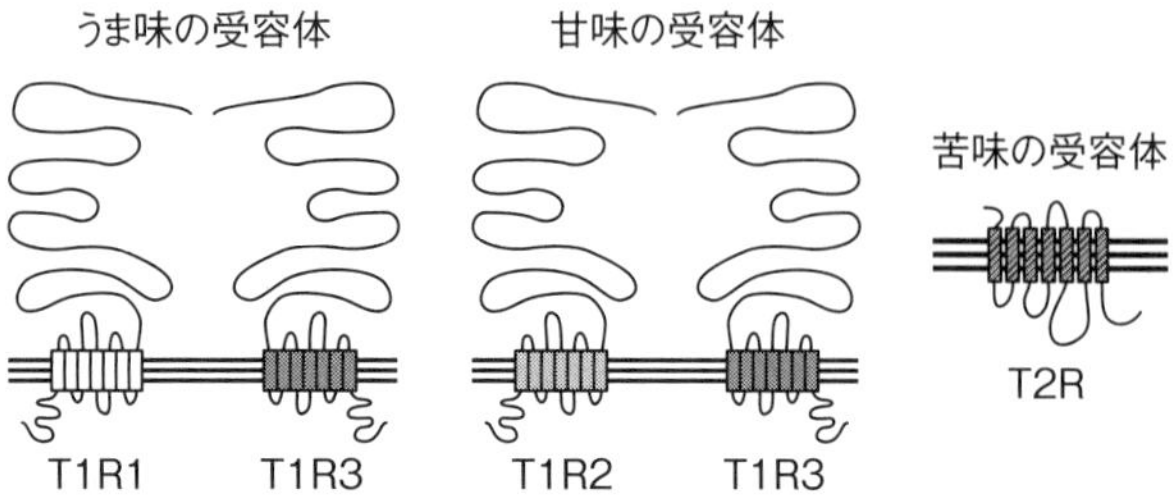

図7-3　**味細胞にある、基本味の受容体**

うま味はT1とT1R3の2つの分子が組み合わさってうま味受容体を作り、うま味を受容しています。苦味はT2Rファミリーと呼ばれる分子グループにより受容され、哺乳類では約30種類見つかっています。いずれもアミノ酸がつながってできたものです。

Ⅱ型細胞のこれらの受容体に味物質が結合すると、受容体は活性化します。活性化するといくつかの分子を介してカルシウムイオンが放出されます。すると細胞内のカルシウムイオンの濃度が上昇します。これを引き金にして活動電位が発生し、Ⅱ型細胞からATPが産生します。ATPが神経伝達物質になって味覚神経に味の情報が伝達されます。

Ⅲ型細胞にある酸味受容体には候補分子が多数報告されており、そのなかで有力候補が絞られてきています。Ⅲ型細胞から放出されるセロトニンが神経伝達物質になり、味覚神経とシナプスを形成することで味情報が脳に伝達されるしくみです。

塩味の受容体はENaCというナトリウムイオンチャネルだと考

えられています。イオンチャネルとは細胞膜にあるタンパク質で、ナトリウムイオンを選択的に細胞内に通します。塩味は低濃度では受け入れられ、高濃度になると避けられるしくみになっています。ENaCは低濃度の嗜好性の塩味に関与すると考えられています。

脂肪と糖はなぜおいしい

チョコレートやケーキなど甘いものはおいしい。糖はエネルギー源として生きていくために不可欠ですから、甘いものをおいしく感じ、本能的に求めるのです。さらに、ステーキなど油脂が含まれる食べ物はたまらなくおいしく感じます。油脂自体に味はありませんが、食品に加わると飛躍的においしさが高まります。これもやはりエネルギー源である脂質の摂取を促す感覚です。このような現象から、私たちはエネルギー源になる糖分や脂質を好むことがわかりますが、そのしくみはよくわかっていませんでした。

そもそも「コク」や「厚み」など食品の複雑な味わいを基本味だけで説明するのは難しいので、ほかの味も味蕾で感知していると考えられてきました。実際、カルシウムや脂肪酸を受容する分子が味蕾に見つかっています。油脂は口腔内で舌にあるリパーゼという酵素で分解され、遊離した脂肪酸を味蕾に発現するCD36やGPR120という受容体で受容しています。最近の研究では、脂質の味を受容して脳に伝える味細胞から神経への経路があることが明らかになりました。脂肪の味が五味に続く第6の味になるかもしれないといわれています。

また、味蕾に食欲を調節するホルモンの受容体が見つかっており、ホルモンにより味応答が影響を受けていることが示唆されています。たとえば、食欲を抑えるレプチンというホルモンが甘味に対する感受性を低下させています。レプチンは脂肪組織で作られる食欲の抑制やエネルギーの代謝調節に関わるホルモンです。また、食欲を促すカンナビノイドは甘味に対する感受性を高めているようです。カンナビノイドは脳内でつくられる麻薬様物質の一種です。

甘味を感じるしくみ

東京大学大学院農学生命科学研究科准教授の三坂巧らは、解明された味覚のメカニズムを応用し、味覚受容体を使った「甘味センサー」を開発しました。ヒトの培養細胞に、甘味を感じ取る甘味受容体と、甘味のシグナルを伝えるタンパク質を発現させたもので、この細胞が甘味物質を認識するかどうかを検出します。受容体に甘味物質が結合すると、細胞中を信号が伝わり、カルシウムイオンの濃度が高くなります。カルシウムイオンを赤く光らせる試薬を加えると、味物質と結合した細胞は赤く光るので、この光を測定し光の強さで甘味を数値化します。

食べ物の甘味は人の味覚による官能検査で評価されていますが、人では主観が入るため客観的に評価することはできません。また、果物のラベルに糖度が示されているように、甘味を表す指標には糖度がよく使われます。糖度は、濃度が高いと溶液の屈折率が高くなることを利用して測定されていますが、実際には糖以外の成分も測定されているので、かならずしも人が感じる甘味と一致するわけではありません。

ところがこの「味覚センサー」は、実際に感じる甘味に近い数値を示すことができます。そこで甘味受容体を発現した細胞やこの測定システムを利用して、生物が味を感じるしくみを解明してきました。

「ミラクルフルーツ」は西アフリカ原産のアカテツ科の果物です。果実自体はほとんど味を感じませんが、この果実を食べた後、酸っぱいものを食べると不思議なことに甘く感じます。三坂らはこの味覚を変化させるメカニズムを解明しました。

果実にはミラクリンというタンパク質が含まれており、甘味受容体に強く結合します。口の中が中性の状態ではなにも変化しませんが、酸っぱいものを食べて口の中が酸性になるとミラクリンと結合した甘味受容体は甘味物質がなくても活性化されてしまいます。そのため酸っぱいレモンを食べると甘く感じるのです。

このような味覚器に作用して一時的に味覚機能を変化させる物質を「味覚修飾物質」といいま

す。その一つである「ネオクリン」は、西マレーシア原産の熱帯植物クルクリゴの果実中に含まれるタンパク質です。ネオクリンを食べると甘味を感じますが、同時に酸っぱいものを味わうと一層甘味が強くなります。ネオクリンの甘味の強さが変化するのは、酸性になるとタンパク質の構造が変化して甘味受容体を活性化させるためでした。

これらの甘味誘導物質のほか、甘味を感じさせなくなる甘味阻害物質も知られています。インド産の植物ギムネマ・シルベストレの葉に含まれているギムネマ酸や、日本にもあるナツメの葉に含まれているジジフィンやケンポナシの葉に含まれているホズルチンなどのトリテルペン誘導体は、甘味受容体に結合し、甘味物質の結合を阻害します。すると、甘いものを食べても甘味物質が甘味受容体に結合できず、甘味を感じなくなります。

また、リン脂質とタンパク質が結合したリポタンパク質が苦味抑制物質として知られています。

甘味を感じさせる物質には、砂糖などの糖類に加え、グリシンやD－トリプトファンなどのアミノ酸やサッカリン、アスパルテームなどの人工甘味料など、たくさんの種類があります。甘味物質は種類が多く、それぞれ構造も異なるにもかかわらず、甘味受容体はたった1種類しかありません。三坂らは甘味受容体の構造中に、甘味物質を認識するのに関わる10種類のアミノ酸があることを見つけました。甘味受容体は、これらのアミノ酸のうち、4〜6種をうまく組み合わせることで、構造の異なる多くの種類の甘味物質を認識していることがわかりました。

先に述べたように、古くからグルタミン酸とイノシン酸が組み合わされるとうま味が強くなることが知られていますが、このような味の相乗作用のメカニズムも受容体で説明できるようになりました。

また、複数の甘味料を組み合わせると甘味が強くなったり、弱くなったりすることも知られていますが、受容体の研究から甘味を変化させる甘味料の組み合わせもわかってきました。甘味を増強させる物質は、甘さは同じでも砂糖や甘味料の量を減らすことができます。たとえば、ネオヘスペリジンジヒドロカルコン（ＮＨＤＣ）やシクラメートという甘味料を少量加えるだけで、砂糖の成分であるスクロースの甘みが強くなります。甘味料を組み合わせることで、甘味料のカロリーを抑えたり、いやな後味の残る人工甘味料の量を減らしたりするなど、食品産業に応用できる可能性があります。

こうして味を感じるメカニズムが解明されてくると、動物の種類によって味の感じ方が異なることがわかってきました。たとえば、ネコは甘いものを好みません。ネコでは甘味受容体を構成するＴ１Ｒ２の遺伝子の一部が欠損しているため、甘味に関する感受性を失っているのです。このことはネコに限らず肉食動物に広く見られます。また、パンダはうま味受容体が、イルカは甘味受容体ばかりか、うま味受容体も失っていることが知られています。

三坂らはハーバード大学などとの共同研究で、ハチドリが甘味を感じるしくみを解明しました。鳥類はネコと同様に甘味受容体の遺伝子を失っていて、一般には甘味を感じません。けれども甘い蜜を好むハチドリはうま味の受容体を進化させ、甘味に対する感受性を獲得しました。味覚は生物の食行動を左右する大切な感覚です。進化に伴い食生活も変化し、必要のなくなった感覚は退化し、必要になれば新しい感覚を獲得しているのだと考えられます。

味覚は衰えるか

味覚のしくみがだいぶ明らかになってきました。味覚はいつごろから発達するのでしょうか。また歳をとると衰えるのでしょうか。味覚の機能は、味蕾や受容体といった感覚器と、味覚情報を処理し、適切な行動をとらせる脳の機能の2つの視点で考える必要があります。基本的な味覚機能は出生時にはほぼ備わっていると考えられています。ただし、食塩に対する応答は他の味に対する応答に比べて少し遅れて始まることから、味細胞の味物質を受容する機能が完成するまでには生後数ヵ月かかるようです。

味覚は食べ物を食べていいか悪いかを判断する重要な感覚ですから、本能的な味覚機能は出生時には完成しています。ただし、食べ物の味を識別したり、嗜好性を判断したりするのはその後の大脳皮質の発達と食経験に左右されます。ということは、食経験をつめば味覚は鍛えられることになります。優れた料理人が味覚も優れているのは、料理の修業などたくさんの経験に裏打ちされているのではないでしょうか。

いっぽう、味覚は聴覚や嗅覚に比べて衰えにくいといわれています。高齢になっても、健康な生活を送っている人の味覚機能は若い人に比べてほとんど低下しないことが示されています。その理由は、味細胞の寿命が短く、常に一定の周期で新しい細胞に置き換わっているためと考えられています。

そうはいうものの、高齢になると、食べ物がおいしくなくなったとか味覚が鈍くなったと訴える人もたくさんいます。その原因は嗅覚の低下によるのではないかと考えられています。風邪をひいて鼻がつまったときの食事がおいしくないように、嗅覚はおいしさの重要な要因です。ですから、老化により嗅覚が低下すれば、おいしくは感じられないでしょう。

また、味覚障害の原因に亜鉛不足がよく知られていますが、それ以外にも降圧薬や精神疾患薬、鎮痛・解熱薬、抗アレルギー薬、消化性潰瘍治療薬など、多くの薬が味覚障害の原因になります。高齢者は薬を飲んでいる人が多いので、薬の副作用による影響も考えられています。

元気な人は必ず食欲があり、食事をおいしく味わうことができます。いつまでもおいしく味わうためには、健康でいることが一番かもしれません。

状況によっておいしさは変わる

おいしさは食べるという行動を促しています。おいしさは食欲を引き起こし、さらに食欲が食行動を支えているのです。

店先で漂う食べ物のにおいにつられ、ついその店に入ってしまったという経験はありませんか。

においは鼻、味は舌で感じるものですが、両方とも、化学物質の存在や種類を見分けるという点では共通しています。嗅覚は空気中にある揮発性の物質、味覚は水溶性の化学物質の識別をしている、と考えればわかりやすいです。

においのもとである揮発性の化学物質が空気とともに鼻腔の奥の嗅上皮まで運ばれ、受容されることでにおいを感じます。嗅上皮には嗅細胞があり、嗅細胞にある受容体ににおい分子が結合すると、におい情報は嗅上皮から、嗅球、嗅皮質へと伝えられますが、脳でどのようににおいを知覚しているかはまだよくわかっていません。

食べ物のにおいを知覚する経路には、鼻からと口から鼻に抜ける経路があります。鼻からの経路で、目の前の食べ物のにおいを感じ、おいしそう、食べたいという欲求を起こさせます。さら

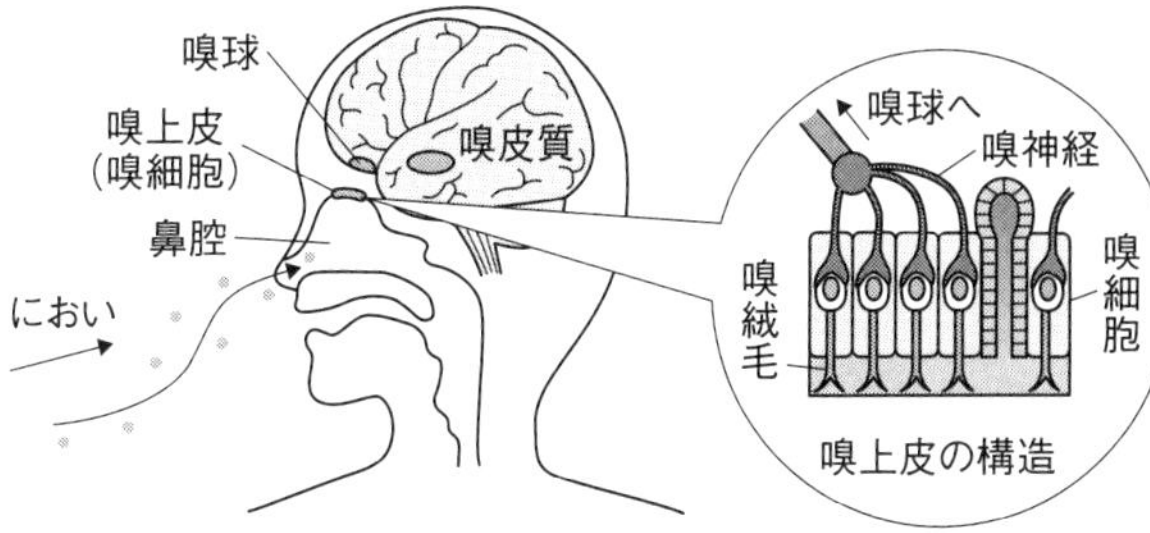

図7-4　においを知覚する経路
嗅皮質は嗅球からにおい情報を受け取るとともに、扁桃体など他の脳の領域とつながり、過去の記憶と照合されてにおいが評価される。

に口からの経路では、口の中の食べ物のにおいを感じ、おいしい、もっと食べたいという行動を起こさせます。また、食べ物の細かな味の違いを識別するには嗅覚が関わっており食べ物を味わうのに欠かせません。また、嗅皮質は、嗅球からのにおい情報を受けるだけでなく、記憶を司る海馬や情動を司る扁桃体と連携して働いています。このこともおいしさに反映しています（図７－４）。

食欲を促すカンナビノイドは嗅覚の感受性も高めているようです。食べ物のにおいをかぐと食欲が増すのは、嗅球に存在するカンナビノイドの受容体の働きによると報告されています。カンナビノイド受容体が活性化し、においをより強く感じるようになり、食欲を促しているというのです。嗅覚はおいしさの大事な要因であるとともに、食行動を促す重要な感覚です。

おいしさは人によって違います。だれかがおいしいといったものを別の人がそう感じるとは限りません。人によっておいしさの感じ方が違うのはなぜでしょうか。

おいしさは、食べるための行動を促す感覚です。先に述べたように私たちは生まれながらにして、食べてもいいもの、身体に必要なものはおいしく感じます。さらに、幼いころに繰り返し食べ、経験を重ねたものは無意識のうちにおいしく感じます。これはその土地の食文化や両親や家族がどんなものを食べていたかの影響を受けています。「おふくろの味」がおいしいのは子供のころから食べ続けている味だからです。その機構はよくわかっていませんが、マウスを使った実験から、特定の時期の食事経験が大脳皮質の食関連領域の神経回路を大きく変化させる可能性のあることが示唆されています。

また、苦いコーヒーが大人になっておいしく感じたり、嫌いなものが好きになったりすることがあります。これは、物心がついてから食経験を重ねることで、また情報や学習、生理機能の変化などによって獲得するおいしさです。

そもそも私たちは初めて食べるものに対して警戒心を持っています。新奇な食べ物は有毒かもしれないので、潜在的に危険なものとして用心しながら、少しだけ食べます。これを「食物新奇性恐怖」といいます。赤ちゃんや子供のころは食べる経験が少なく、初めて食べるものばかりですが、だんだん味を覚え、食べ物に慣れると、この食べ物は安全だと認識し、おいしく感じるようになります。大人になるといろいろな食べものを好きになるのは、食経験を重ね、新奇性恐怖がなくなっていくためです。

一方、もしも何かを食べた後に下痢や吐き気など不快な思いをすると、その食べ物が嫌いになり、食べなくなります。これは「味覚嫌悪学習」といい、内臓の不快感と味覚の情報が脳の中で合わさって、先天的に好きな甘い味でも嫌いになってしまうのです。このような後天的な味覚嫌悪学習には脳の扁桃体の機能が関わります。扁桃体は味覚をはじめ、嗅覚や視覚などあらゆる五感の情報が集まるところで、「快」「不快」「好き」「嫌い」などの価値を判断しています。内臓の感覚情報も集まってきますので、扁桃体の中でそれらの情報が処理され、その味を嫌うように記憶づけられます。

好き嫌いによる食べ物の選択は生き残るための戦略の一つと考えられています。内臓の不快感を生じさせるような有毒な食べ物を嫌いになることで、食べなくなり自分の身を守っているのです。

なぜ食べすぎるのか。止まらない食欲のメカニズム

ヨーロッパやアメリカなどでは、肥満者（ＢＭＩ30以上）が増えており、今後も増え続けるこ

とが確実視されています。日本でも、２０１６年の厚生労働省「国民健康・栄養調査」では、肥満者が男性で約30％、女性で20％に上っています。

肥満は、糖尿病や高血圧などのメタボリックシンドロームの原因になるばかりでなく、脂肪肝炎やがんなどさまざまな疾患の発症に関わっています。体重が数％減少するだけで、こうしたメタボリックシンドロームが改善することがわかっており、世界保健機関（ＷＨＯ）は肥満者を減少させることを最優先課題の一つとしています。

肥満の要因は食べすぎと運動不足です。ヒトはなぜ食べすぎるのでしょうか。１９５０年頃、ネコの脳の視床下部を破壊すると摂食を制御できず、食べ続けることがわかり、中枢神経がエネルギーバランスに重要な役割を持つことが示唆されていました。１９９０年代に過食と肥満を繰り返すマウスの研究から、レプチンというホルモンが見つかりました。レプチンは脂肪細胞から分泌され、視床下部に作用し、食欲に作用することが明らかになっています。さらに脂肪細胞にさまざまな分泌因子が発見され、脂肪細胞は糖質や脂質、エネルギー代謝を制御する内分泌器官として注目されています。

人や動物は本来、食べすぎて脂肪が増えると、レプチンの分泌量が増加し、視床下部にある摂食中枢に作用することで食欲を抑えるようになっています。ところが、肥満マウス（遺伝的に肥満する実験動物）は、正常なレプチンを作れないために食欲を抑えられずに太ること、糖尿病マウスや肥満ラットは、脳の中枢にあるべきレプチンの受容体がうまく作れず、食欲が抑えられずに太ることが明らかになっています。また、肥満状態の人を観察すると摂食はかならずしも抑制されておらず、レプチンが効きにくくなるという現象が起きていました。これまでこのレプチン抵抗性が起こるメカニズムは解明されておらず、治療法も見つかってはいませんでしたが、最近の研究で、ＰＴＰＲＪという酵素がその要因になっていることが明らかになりました。

ＰＴＰＲＪは視床下部で機能するタンパク質の一種です。このＰＴＰＲＪはレプチン受容体に働いて、レプチンの働きを抑制していました。肥満になると、摂食中枢でＰＴＰＲＪの発現が増えます。この結果、レプチンが多くてもレプチンが効きにくくなり、これがレプチン抵抗性の要因になっていると考えられています。つまり、肥満の人では、ＰＴＰＲＪをより多く発現することで、レプチンの働きが抑えられ、食欲が止まらなくなる悪循環に陥ることがわかりました。ＰＴＰＲＪの働きを抑える物質が見つかれば、肥満の治療薬につながるかもしれないと期待されています。

おわりに

世の中にどれだけ食べ物があふれていても、わたしたちがおいしさを求める欲望はとどまることがありません。

もしも、シンプルなおいしさの定義やおいしくなるための公式があったら、こんなにもいろいろな食品は生まれないでしょう。また、食品に対する考え方も時代とともに変わっています。かつて食品は、その栄養機能が重視されました。経済が豊かになるとおいしさが重視されるようになります。今や食品は栄養があって、おいしいのは当たり前、こんどは健康につながる食品の機能性が注目されています。食品の機能性が注目されるようになったのは、科学技術の進歩のおかげで、今までわからなかった新しい成分を分析できるようになったからでもあります。

今後は人々は食品に何を見つけ、どんな機能に注目するのでしょうか。また、おいしさを生み出すのは食品そのものばかりではなく、包装材から冷蔵や輸送技術、農業技術など、いろいろな技術の積み重なりです。これからもどんどん進歩し、またあらたなおいしさが生まれるでしょう。

この本をきっかけに、私も一層「おいしい」という言葉に敏感になりました。おいしさは奥が深く、本当に興味を掻き立てられます。これからも、もっと掘り下げていきたいテーマです。

私は仕事柄、普段から、食の情報を集めたり、食にまつわるうんちく話を聞いたりすることが多いのですが、類は友を呼ぶのか、私のまわりにはそんな人ばかりが集まってきます。特に大学の同期生たちは似たような思考の人が多く、食にまつわる話題にはことかきません。会えば食のマニアックな話で盛り上がり、一緒に旅に出ればスーパーマーケットや市場の食品売り場を歩きまわっています。そんな友人たちから聞き込んだ話や取材した話も、今回の執筆にはとても役立ちました。

最後にこの本をかくきっかけになった、日本化学会化学フェスタ関係者の方々をはじめ、講演してくださった方々、取材に応じてくださったみなさま、講談社のみなさまに厚く御礼申し上げます。

２０１８年3月吉日

佐藤成美

参考書籍

「実験医学」2017年4月号（羊土社）
『おいしさの科学』シリーズ『おいしさの科学』企画委員会（編）（エヌ・ティー・エス vol.1「食品のテクスチャー」2011年、vol.2「熟成」2011年、vol.4「だしと日本人」2012年）
『健康・調理の科学　第3版』和田淑子・大越ひろ（編著）（建帛社　2016年）
『調理科学』渋川祥子・杉山久仁子（同文書院　2005年）
『新調理学』下村道子・和田淑子（編著）（光生館　2015年）
『おいしさをつくる「熱」の科学』佐藤秀美（柴田書店　2007年）
『食品・料理・味覚の科学』都甲潔・飯山悟（講談社　2011年）
『科学でわかるお菓子の「なぜ？」』辻製菓専門学校（監修）中山弘典・木村万紀子（著）（柴田書店　2009年）
『食品と熟成』石谷孝佑（編著）（光琳　2009年）
『標準食品学総論　第2版』青柳康夫・筒井知己（医歯薬出版　1998年）
『標準食品学各論』沢野勉（編）（医歯薬出版　1999年）
『食品加工学　第2版』露木英男・田島眞（編著）（共立出版　2007年）
『新　食品・加工概論』國﨑直道・川澄俊之（編著）（同文書院　2001年）
『Cooking for Geeks　料理の科学と実践レシピ』Jeff Potter（著）水原文（訳）（オライリー・ジャパン）
『料理のなんでも小事典』日本調理学会（編）（講談社　2008年）
『お豆なんでも図鑑』石谷孝佑（監修）（ポプラ社　2013年）

【や行】

【ら行】

【わ行】

【数字／アルファベット】

【な行】

【は行】

【ま行】

【さ行】

【た行】

さくいん

【あ行】

【か行】

N.D.C.588.596　238p　18cm

ブルーバックス　B-2051

「おいしさ」の科学《かがく》

素材の秘密・味わいを生み出す技術

2018年3月20日　第1刷発行

著者　佐藤成美《さとうなるみ》

発行者　渡瀬昌彦

発行所　株式会社講談社

〒112-8001 東京都文京区音羽2-12-21

電話　出版　03-5395-3524

販売　03-5395-4415

業務　03-5395-3615

印刷所　（本文印刷）慶昌堂印刷株式会社

（カバー表紙印刷）信毎書籍印刷株式会社

製本所　株式会社国宝社

定価はカバーに表示してあります。

ISBN978−4−06−502051−7

発刊のことば

科学をあなたのポケットに

二十世紀最大の特色は、それが科学時代であるということです。科学は日に日に進歩を続け、止まるところを知りません。ひと昔前の夢物語もどんどん現実化しており、今やわれわれの生活のすべてが、科学によってゆり動かされているといっても過言ではないでしょう。

そのような背景を考えれば、学者や学生はもちろん、産業人も、セールスマンも、ジャーナリストも、家庭の主婦も、みんなが科学を知らなければ、時代の流れに逆らうことになるでしょう。

ブルーバックス発刊の意義と必然性はそこにあります。このシリーズは、読む人に科学的に物を考える習慣と、科学的に物を見る目を養っていただくことを最大の目標にしています。そのためには、単に原理や法則の解説に終始するのではなくて、政治や経済など、社会科学や人文科学にも関連させて、広い視野から問題を追究していきます。科学はむずかしいという先入観を改める表現と構成、それも類書にないブルーバックスの特色であると信じます。

一九六三年九月

野間省一